Valeria Grijalva
Manuel Chamorro
Carlos Mendoza

Automatización Robótica de Procesos

Valeria Grijalva
Manuel Chamorro
Carlos Mendoza

Automatización Robótica de Procesos

Transforma el futuro del trabajo

Editorial Académica Española

Imprint
Any brand names and product names mentioned in this book are subject to trademark, brand or patent protection and are trademarks or registered trademarks of their respective holders. The use of brand names, product names, common names, trade names, product descriptions etc. even without a particular marking in this work is in no way to be construed to mean that such names may be regarded as unrestricted in respect of trademark and brand protection legislation and could thus be used by anyone.

Cover image: www.ingimage.com

Publisher:
Editorial Académica Española
is a trademark of
Dodo Books Indian Ocean Ltd. and OmniScriptum S.R.L publishing group

120 High Road, East Finchley, London, N2 9ED, United Kingdom
Str. Armeneasca 28/1, office 1, Chisinau MD-2012, Republic of Moldova, Europe
Printed at: see last page
ISBN: 978-613-9-40613-5

Automatización

Robótica de Procesos

Transforma el futuro del trabajo

Autores
Valeria Carolina Grijalva Arévalo
Manuel Joaquín Chamorro Gómez
Carlos Alexander Mendoza Jacomino

Índice

Para el lector

En este libro, descubrirás cómo la Automatización Robótica de Procesos (RPA) puede transformar no solo la eficiencia operativa, sino también la estructura y la cultura de trabajo en diversos sectores. Aquí encontrarás un recorrido desde los fundamentos de la RPA hasta sus aplicaciones en industrias clave, incluyendo finanzas, salud, manufactura, y servicios compartidos. Este libro examina los beneficios, como la reducción de errores y el aumento de la competitividad, y aborda los desafíos para una implementación exitosa, como la gestión del cambio y la integración tecnológica.

A medida que avances, comprenderás cómo la RPA no solo automatiza tareas repetitivas, sino que permite una reorganización estratégica del trabajo, liberando a los empleados para tareas de mayor valor. Además, te familiarizarás con las herramientas actuales y con cómo las tecnologías emergentes, como la inteligencia artificial, potencian el impacto de la RPA.

Este texto también explora el impacto de la RPA en el futuro laboral, así como sus aportes a la sostenibilidad y la ciberseguridad. Si deseas implementar o profundizar en la RPA en tu organización, esta guía te ofrecerá estrategias prácticas y visión de futuro para maximizar sus beneficios y adaptarte al cambio

Introducción

Imagina un mundo en el que las tareas repetitivas y monótonas son realizadas con precisión y sin descanso, liberando a las personas para que enfoquen su tiempo y talento en lo que realmente importa: innovar, crear, y tomar decisiones estratégicas. Este libro te sumerge en ese futuro que ya es presente, de la mano de la Automatización Robótica de Procesos (RPA), una tecnología revolucionaria que transforma no solo la eficiencia de las empresas, sino también la forma en que pensamos el trabajo, la colaboración, y el valor humano.

Desde los fundamentos de la RPA hasta sus aplicaciones en sectores clave como finanzas, salud y manufactura, exploraremos cómo esta tecnología está redefiniendo el futuro del trabajo, elevando la competitividad y potenciando la capacidad de las organizaciones para adaptarse a un mundo en constante cambio. Más allá de la tecnología en sí, analizaremos el impacto de la RPA en la estructura laboral, permitiendo que los empleados se liberen de tareas rutinarias y se concentren en actividades estratégicas y de alto valor, fomentando un entorno laboral más dinámico y satisfactorio.

A través de estrategias prácticas y casos de éxito, descubrirás cómo superar los desafíos de su implementación y aprovechar al máximo el potencial de esta herramienta, que, junto a la inteligencia artificial y el aprendizaje automático, impulsa la hiperautomatización. Este libro no solo te enseñará cómo aplicar la RPA en tu organización, sino que también te invitará a reflexionar sobre el rol de la tecnología en la sostenibilidad, la ciberseguridad y la creación de nuevas oportunidades laborales.

Capítulo I: Fundamentos de la Automatización Robótica de Procesos (RPA)

Introducción a la RPA

La Automatización Robótica de Procesos (RPA) ha emergido como una solución tecnológica clave que permite a las organizaciones enfrentar los desafíos del dinamismo y la competitividad en el mercado actual. En un entorno empresarial donde la eficiencia y la rapidez son esenciales, la RPA ofrece una manera de optimizar procesos mediante la automatización de tareas repetitivas y basadas en reglas. Esto no solo ayuda a reducir los costos operativos, sino que también libera a los empleados de trabajos monótonos, permitiéndoles concentrarse en actividades más estratégicas y de mayor valor para la organización (Bermúdez Irreño, 2021).

Además, la RPA se ha convertido en un componente fundamental de la transformación digital, ya que permite a las empresas adaptarse a las nuevas exigencias del mercado. La implementación de RPA facilita la integración de diversas tecnologías y mejora la capacidad de respuesta ante cambios en el entorno empresarial. Esto es vital para que las organizaciones mantengan su competitividad y se posicionen favorablemente frente a sus rivales (Deloitte, 2017). A medida que las empresas adoptan la RPA, se espera que esta tecnología continúe evolucionando y expandiéndose en diversas industrias.

Finalmente, la RPA no es solo una herramienta de automatización; también representa un cambio cultural en la forma en que las organizaciones operan. Al adoptar la RPA, las empresas deben considerar no solo la tecnología en sí, sino también cómo esta afectará la dinámica laboral y la interacción entre humanos y máquinas. Este cambio puede generar resistencia, pero también ofrece oportunidades para mejorar la colaboración y la innovación dentro de las organizaciones (Bermúdez Irreño, 2021).

Contexto Histórico

La historia de la automatización comienza en la década de 1950 con el desarrollo de robots programables en la industria, marcando el inicio de una evolución tecnológica que ha transformado la manera en que las empresas operan. A lo largo de los años, se han ido introduciendo diversas tecnologías que han permitido optimizar procesos, desde los controladores lógicos programables (PLC) hasta los sistemas de gestión de flujo de trabajo digital que surgieron en la década de 1980. Estos avances sentaron las bases para la llegada de la Automatización Robótica de Procesos (RPA) a principios de los 2000, cuando las empresas comenzaron a buscar soluciones más accesibles y efectivas para automatizar tareas manuales y repetitivas (Bermúdez Irreño, 2021).

La transición de los sistemas de Business Process Management (BPM) a la RPA fue un hito importante en este contexto. Mientras que el BPM se centraba en la gestión de procesos empresariales de manera integral, la RPA se enfocó en la automatización de tareas específicas, lo que permitió a las organizaciones mejorar la eficiencia sin necesidad de realizar cambios drásticos en sus sistemas existentes. Esta evolución fue impulsada por la necesidad de las empresas de adaptarse a un entorno de negocios cada vez más competitivo y digitalizado (Deloitte, 2017).

Hoy en día, la RPA se ha consolidado como una herramienta esencial en la estrategia de transformación digital de muchas organizaciones. Su capacidad para automatizar procesos y tareas ha llevado a una mayor eficiencia operativa y a la reducción de costos. Sin embargo, a pesar de su creciente popularidad, la implementación de RPA aún enfrenta desafíos, como la resistencia al cambio y la necesidad de capacitación adecuada para los empleados (Bermúdez Irreño, 2021).

Transformación Digital

La transformación digital se define como el proceso de integrar tecnología digital en todos los aspectos de un negocio, lo que implica cambios significativos en la cultura, las operaciones y la forma en que las empresas crean y entregan valor. Este proceso es crucial para que las organizaciones se mantengan relevantes en un mercado cada vez más competitivo y digitalizado. La adopción de tecnologías como la RPA es un componente esencial de esta transformación, ya que permite a las empresas optimizar su funcionamiento y adaptarse a las demandas cambiantes del entorno (Deloitte, 2017).

Los pilares de la transformación digital incluyen tecnologías como Big Data, Cloud Computing, Internet de las Cosas (IoT) y Ciberseguridad. Big Data permite a las empresas analizar grandes volúmenes de datos para identificar patrones y tendencias, lo que facilita la toma de decisiones informadas. Por otro lado, el Cloud Computing ofrece un acceso flexible a recursos informáticos, permitiendo a las organizaciones escalar sus operaciones según sea necesario. La interconexión de dispositivos a través del IoT también contribuye a la recopilación de datos en tiempo real, lo que mejora la eficiencia y la efectividad de los procesos empresariales (Bermúdez Irreño, 2021).

Sin embargo, la transformación digital no se trata únicamente de la adopción de nuevas tecnologías; también implica un cambio en la mentalidad organizacional. Las empresas deben estar dispuestas a reinventar sus modelos de negocio y a fomentar una cultura que valore la innovación y la adaptabilidad. Esto puede ser un desafío, ya que requiere que los líderes empresariales gestionen el cambio de manera efectiva y aborden las preocupaciones de los empleados sobre la automatización y la pérdida de empleos (Deloitte, 2017).

Características y Beneficios de la RPA

La RPA se caracteriza por su capacidad para emular acciones humanas en sistemas digitales, lo que incluye la entrada de datos, la navegación por aplicaciones y la ejecución de transacciones. Esta tecnología permite a las empresas automatizar tareas que son repetitivas, basadas en reglas y que requieren un alto grado de precisión. Al implementar RPA, las organizaciones pueden reducir significativamente los errores asociados con la intervención humana, lo que resulta en una mayor calidad de los datos y una mejora en la eficiencia operativa (Bermúdez Irreño, 2021).

Uno de los beneficios más destacados de la RPA es su capacidad para aumentar la eficiencia. Al automatizar procesos, las empresas pueden completar tareas más rápidamente, lo que libera a los empleados de trabajos monótonos y les permite concentrarse en actividades más estratégicas y creativas. Además, la RPA puede operar las 24 horas del día, lo que significa que las tareas pueden llevarse a cabo fuera del horario laboral, aumentando así la productividad general de la organización (Deloitte, 2017).

Otro aspecto relevante es el retorno de inversión que la RPA puede proporcionar. Muchas empresas han reportado que la inversión inicial en RPA se recupera en menos de un año, lo que la convierte en una opción atractiva para la optimización de procesos. Además, la implementación de RPA permite a las organizaciones ser más ágiles y adaptarse rápidamente a las demandas del mercado, lo que es esencial en un entorno empresarial en constante cambio (Bermúdez Irreño, 2021).

5. Plataformas Tecnológicas de RPA

Existen varias plataformas líderes en el mercado de RPA, siendo UiPath y Automation Anywhere las más destacadas. UiPath, fundada en 2005, ha ganado reconocimiento por su interfaz intuitiva y su capacidad para diseñar y gestionar robots de software. La plataforma incluye componentes clave como UiPath Studio, que permite a los usuarios crear flujos de trabajo sin necesidad de conocimientos avanzados de programación. Además, UiPath Orchestrator facilita la gestión y el monitoreo de robots, optimizando así su rendimiento (Bermúdez Irreño, 2021).

Por otro lado, Automation Anywhere, establecida en 2010, se especializa en la automatización de procesos de negocio y TI. Esta plataforma ofrece herramientas que permiten a las empresas crear y gestionar robots de manera efectiva, optimizando tanto procesos de front office como de back office. La arquitectura de Automation Anywhere incluye componentes como el Control Room, que actúa como un servidor web para gestionar los robots, y Bot Creators, que permiten a los usuarios diseñar y cargar robots (Deloitte, 2017).

Ambas plataformas han demostrado ser efectivas en la implementación de RPA en diversas industrias, ayudando a las organizaciones a digitalizar sus operaciones y mejorar la eficiencia. Sin embargo, la elección de la plataforma adecuada dependerá de las necesidades específicas de cada empresa y de su capacidad para integrar la RPA en sus procesos existentes (Bermúdez Irreño, 2021).

6. Aplicaciones de la RPA

La RPA se aplica en una amplia variedad de áreas funcionales dentro de las organizaciones, lo que permite mejorar la eficiencia y reducir costos en diversas operaciones. En el sector financiero, por ejemplo, la RPA se utiliza para automatizar procesos contables, la gestión de facturas y la conciliación de cuentas. Esta automatización no solo acelera las operaciones, sino que también minimiza los errores asociados con el manejo manual de datos, lo que resulta en informes financieros más precisos y oportunos (Bermúdez Irreño, 2021).

En el ámbito de recursos humanos, la RPA facilita la gestión de nóminas, la contratación y la incorporación de empleados. Al automatizar tareas como la verificación de documentos y la entrada de datos, los departamentos de recursos humanos pueden centrarse en actividades más estratégicas, como el desarrollo de talento y la mejora de la cultura organizacional. Esto no solo mejora la eficiencia, sino que también contribuye a una experiencia más positiva para los empleados (Deloitte, 2017).

Asimismo, la RPA se ha convertido en un recurso valioso en el servicio al cliente, donde se utilizan asistentes virtuales para gestionar consultas y proporcionar respuestas en tiempo real. Esta automatización permite a las empresas ofrecer un servicio más ágil y eficiente, mejorando la satisfacción del cliente y reduciendo la carga de trabajo del personal humano. Con el tiempo, se espera que la RPA continúe expandiéndose en diversas industrias, transformando la forma en que las organizaciones operan y se relacionan con sus clientes (Bermúdez Irreño, 2021).

7. Futuro de la RPA

El futuro de la RPA está intrínsecamente ligado a la tendencia de la hiperautomatización, que busca integrar RPA con tecnologías emergentes como la inteligencia artificial (IA) y el aprendizaje automático. Esta combinación permitirá a las empresas no solo automatizar tareas repetitivas, sino también procesos más complejos que requieren toma de decisiones en tiempo real. La hiperautomatización promete mejorar la eficiencia operativa y la calidad del servicio, lo que es esencial en un entorno empresarial cada vez más competitivo (Deloitte, 2017).

Además, a medida que la tecnología avanza, se espera que la RPA evolucione para incluir capacidades más sofisticadas, como el procesamiento de lenguaje natural y la analítica predictiva. Esto permitirá a las organizaciones no solo automatizar tareas, sino también anticipar necesidades y responder proactivamente a las demandas del mercado. La integración de la IA con la RPA puede transformar radicalmente la forma en que las empresas operan y toman decisiones, llevando la automatización a un nuevo nivel (Bermúdez Irreño, 2021).

Sin embargo, la implementación de estas tecnologías avanzadas también presenta desafíos. Las organizaciones deben estar preparadas para gestionar el cambio y abordar las preocupaciones de los empleados sobre la automatización. La capacitación y el desarrollo de habilidades serán fundamentales para asegurar que los empleados puedan trabajar eficazmente junto a las nuevas tecnologías, maximizando así los beneficios de la RPA y la hiperautomatización en el futuro (Deloitte, 2017).

La RPA se ha consolidado como una herramienta clave en la transformación digital de las organizaciones, permitiendo la optimización de procesos y la adaptación a nuevas realidades del mercado. A medida que las empresas continúan enfrentando desafíos en un entorno empresarial en constante cambio, la RPA ofrece una solución efectiva para mejorar la eficiencia y reducir costos. Sin embargo, para aprovechar al máximo los beneficios de la RPA, las organizaciones deben estar dispuestas a invertir en capacitación y en la gestión del cambio (Bermúdez Irreño, 2021).

Es fundamental que las empresas no solo adopten la RPA como una herramienta tecnológica, sino que también consideren su impacto en la cultura organizacional y en la dinámica laboral. La colaboración entre humanos y máquinas será esencial para maximizar la efectividad de la automatización y garantizar que los empleados se sientan valorados y comprometidos en el proceso de transformación digital (Deloitte, 2017).

Finalmente, la RPA representa un cambio significativo en la forma en que las organizaciones operan y se relacionan con sus clientes. A medida que la tecnología continúa evolucionando, es imperativo que las empresas sigan investigando y documentando el impacto de la RPA en sus operaciones, asegurándose de que puedan adaptarse a las nuevas tendencias y seguir siendo competitivas en el futuro (Bermúdez Irreño, 2021).

Capítulo 2: Aplicaciones de RPA en Industrias Claves

La Automatización Robótica de Procesos (RPA) se ha convertido en un recurso esencial en la transformación digital, promoviendo mejoras significativas en la eficiencia de sectores clave. La adopción de esta tecnología se ha incrementado debido a su capacidad para automatizar tareas repetitivas y optimizar procesos complejos de manera rentable y precisa (Gómez González, 2020).

2.1 Ejemplos de Sectores que han Adoptado con Éxito la RPA

2.1.1 Sector Financiero: El sector financiero ha sido pionero en la implementación de RPA para mejorar la precisión y eficiencia en procesos de back-office. Según Gómez González (2020), "la RPA se aplica principalmente en industrias como la financiera y bancaria, donde su capacidad para ejecutar tareas repetitivas resulta ideal para la optimización de procesos de auditoría y gestión de datos" (Gómez González, 2020). Este sector ha logrado reducir costos de operación en hasta un 40% mediante la automatización de tareas como la conciliación de cuentas y la gestión de facturación.

Sector Salud: En el ámbito de la salud, la RPA ha permitido mejorar la precisión en la administración de datos de pacientes y optimizar la gestión de recursos. Según un estudio del Repositorio ESPE, "la implementación de RPA en la industria farmacéutica ha facilitado el cumplimiento de normativas de calidad, así como la reducción de errores en la gestión de inventarios" (Acurio Pérez, 2020). La tecnología también ha sido utilizada para automatizar procesos administrativos, permitiendo al personal concentrarse en la atención al paciente.

2.1.3 Sector Manufacturero: El sector manufacturero utiliza la RPA junto con herramientas de aprendizaje automático para mejorar la productividad. Según un estudio en el Repositorio UWiener, "la RPA ha aumentado la eficiencia al reducir el tiempo de procesamiento en la cadena de suministro, impactando favorablemente la competitividad de las empresas manufactureras" (Suarez Gallegos, 2024). La capacidad de la RPA para integrar múltiples sistemas permite un flujo de trabajo continuo y eficiente.

2.1.4 Sector de Servicios Compartidos: En los Centros de Servicios Compartidos (CSC), la RPA es fundamental para tareas de alto volumen. Un informe de Deloitte destaca que "los CSC maduros pueden optimizar la calidad de sus servicios y lograr eficiencias mediante la implementación de RPA en funciones administrativas, como la gestión de nóminas y la facturación" (Deloitte, 2017). Esta tecnología facilita la operación de servicios compartidos al reducir la carga operativa.

2.2 Impacto de la RPA en la Eficiencia Operativa y Competitividad

La implementación de RPA ha demostrado ser un recurso estratégico para mejorar la competitividad en diferentes industrias. Según Deloitte (2017), "la automatización robótica no solo permite a las empresas reducir sus costos operativos, sino que también les brinda flexibilidad para adaptarse rápidamente a los cambios del mercado" (Deloitte, 2017).

Eficiencia Operativa

1. Reducción de Tiempo en Procesos: En la industria manufacturera, por ejemplo, la RPA permite una reducción significativa en el tiempo de ciclo de producción al automatizar tareas como el monitoreo de inventarios y el procesamiento de órdenes, lo cual aumenta la capacidad de respuesta de la empresa frente a la demanda (Suarez Gallegos, 2024).

2. Reducción de Errores: Los robots de RPA ayudan a eliminar errores humanos en la entrada y procesamiento de datos. Según un artículo en Revista Canaria de Administración Pública (2024), "la RPA ha demostrado una alta eficacia en la reducción de errores en procesos administrativos, mejorando así la precisión de las operaciones en industrias como la financiera" (Chinea, 2024).

Competitividad

La capacidad de automatizar procesos permite que las empresas se concentren en áreas de valor añadido, lo cual fortalece su posición en el mercado. Según Quintanilla Laserna (2021), "la implementación de RPA en procesos de back-office permite a las empresas retener una ventaja competitiva al reducir sus costos operativos y mejorar la calidad del servicio" (Quintanilla Laserna, 2021).

Escalabilidad

La RPA permite a las empresas escalar sus operaciones sin un aumento proporcional en el personal. La Revista Ingeniería (2023) enfatiza que "la RPA proporciona una solución escalable para empresas en crecimiento, permitiendo una expansión en operaciones con una mínima inversión en recursos humanos adicionales" (Irreño, 2023).

2.3 Ventajas Tangibles de la RPA en el Ámbito Financiero y Operativo

La **Automatización Robótica de Procesos** (RPA) se ha convertido en una tecnología clave para incrementar la eficiencia y la competitividad organizacional. Su capacidad para automatizar tareas repetitivas y de bajo valor ha permitido a las empresas obtener ventajas tangibles, tanto en términos financieros como operativos.

2.3.1 Beneficios Financieros de la RPA

1. **Reducción de Costos Operativos**: La RPA permite la ejecución automatizada de procesos repetitivos a una fracción del costo humano. Según Ávila y Bernedo (2024), "la RPA genera una disminución significativa de costos operativos y una liberación de recursos humanos que pueden enfocarse en actividades estratégicas" (Ávila, 2024). Esto se traduce en una reducción de hasta un 30% en costos de operación en sectores como finanzas y administración.

2. **Mejora en la Gestión Financiera**: La tecnología RPA aporta ventajas en el área de gestión administrativa, permitiendo a las empresas dedicarse al análisis de datos financieros en lugar de centrarse en tareas manuales. Balladares y Godoy (2020) explican que "la RPA aporta facilidades y ventajas operativas que reducen el tiempo en tareas financieras, optimizando la capacidad analítica del departamento" (Balladares Montalvan, 2020). Este tipo de optimización no solo reduce costos, sino que también incrementa la precisión en la gestión de finanzas.

3. **Retorno de Inversión (ROI) en Corto Plazo**: Ochoa y Osorio (2022) afirman que "la implementación de RPA presenta beneficios financieros claros, logrando un retorno de inversión significativo en menos de un año en la mayoría de las implementaciones" (Ochoa Surco & Osorio, 2022). Este ROI rápido ha incentivado a sectores como la banca y la salud a adoptar la tecnología para aumentar su rentabilidad.

2.3.2 Beneficios Operativos de la RPA

1. **Aumento de Eficiencia y Productividad**: La automatización de tareas rutinarias ha permitido que las organizaciones incrementen su eficiencia en aproximadamente un 60%. Según Ortiz Herrera (2021), "el uso de RPA permite que las empresas optimicen sus procesos, logrando una mayor productividad en menor tiempo" (Ortiz Herrera, 2021). Este incremento en eficiencia es especialmente útil en sectores de alta demanda operativa, como la manufactura y la logística.

2. **Reducción de Errores y Mejora en la Precisión**: Al eliminar la intervención manual en tareas repetitivas, la RPA reduce considerablemente los errores operativos. En el sector financiero, esto se traduce en una mejora en la precisión de tareas como conciliaciones y gestión de estados de cuenta. De acuerdo con un estudio en el repositorio de la UPC (Flores Jaimes & Romero Navarro, A. M., 2018), "la RPA disminuye en un 90% los errores humanos, lo cual es crucial para mantener la precisión en procesos financieros" (Flores Jaimes & Romero Navarro, A. M., 2018).

3. **Flexibilidad y Escalabilidad en Operaciones**: La RPA ofrece una solución escalable que permite a las empresas adaptarse rápidamente a cambios en el volumen

de trabajo sin incurrir en costos adicionales significativos. Según Fernández Miño (2015), "la RPA brinda una flexibilidad operativa que permite escalar la capacidad de procesamiento sin necesidad de aumentar el personal, manteniendo así la estructura de costos" (Fernández Miño, 2015).

2.3.3 Estadísticas Relevantes

1. **Estadísticas Generales**: Un estudio de la consultora McKinsey estimó que la implementación de RPA puede reducir los costos operativos en un 20-30% en un periodo de dos a tres años. Esto se debe a la reducción en horas de trabajo, la eliminación de errores y la optimización del tiempo en la ejecución de tareas repetitivas, lo cual respalda su adopción en sectores con alta carga administrativa.

La RPA ofrece ventajas tangibles que abarcan tanto los aspectos financieros como operativos, al facilitar una optimización de procesos que antes requerían intervención manual. Los estudios demuestran que su implementación reduce significativamente los costos y mejora la precisión en diversos sectores, posicionando a la RPA como una herramienta estratégica en la transformación digital.

4. Obstáculos Comunes en la Adopción de RPA

La adopción de **Automatización Robótica de Procesos** (RPA) en las empresas enfrenta una variedad de obstáculos que dificultan su implementación efectiva. Estos desafíos van desde la resistencia al cambio por parte de los empleados hasta problemas técnicos relacionados con la integración de sistemas existentes.

4.1 Resistencia al Cambio

La resistencia al cambio es uno de los obstáculos más comunes en la adopción de RPA. La implementación de nuevas tecnologías suele generar incertidumbre entre los empleados, quienes pueden percibir la automatización como una amenaza para sus puestos de trabajo. Según Díaz Noriega (2023), "la falta de comprensión sobre el propósito de la RPA y la desconfianza en su efectividad generan resistencia significativa entre el personal" (Díaz Noriega, 2023).

Para superar esta barrera, **la educación y el entrenamiento continuo** resultan fundamentales. Como se menciona en el estudio de Alfaro Gutiérrez (2022), "es importante ofrecer capacitación y demostrar a los empleados cómo la RPA complementa sus tareas en lugar de sustituirlas" (Alfaro Gutiérrez, 2022). De esta forma, los empleados pueden ver los beneficios de la tecnología y entender su papel en un entorno automatizado.

4.2 Desafíos en la Integración de Sistemas

Otro obstáculo importante es la dificultad para integrar la RPA con los sistemas ya existentes en las organizaciones. Este problema se agrava en empresas con infraestructuras tecnológicas complejas o desactualizadas. Según Herrero Menocal (2023), "la falta de compatibilidad entre la RPA y los sistemas heredados puede limitar las capacidades de automatización" (Herrero Menocal, 2023).

La **solución recomendada** en estos casos es adoptar una arquitectura de integración flexible, como las API y los entornos de datos interconectados, para facilitar la interacción entre diferentes plataformas. Alfaro Gutiérrez (2022) sugiere que "utilizar APIs y middleware permite que la RPA trabaje en conjunto con otros sistemas, optimizando su funcionalidad" (Alfaro Gutiérrez, 2022).

4.3 Falta de Conocimiento Especializado

La escasez de personal capacitado para manejar herramientas de RPA es un desafío que afecta especialmente a las pequeñas y medianas empresas (Pymes). Como expone Garavito Núñez (2024), "la falta de conocimiento técnico sobre RPA y la necesidad de personal calificado dificultan la implementación exitosa en las Pymes" (Garavito Núñez & Mendez).

Para abordar este problema, una estrategia efectiva es **formar alianzas con proveedores de RPA** que ofrezcan capacitación y soporte técnico. Esto permite que las empresas no solo implementen la tecnología, sino que también desarrollen las habilidades internas necesarias para su mantenimiento y optimización a largo plazo (Garavito Núñez, 2024).

4.4 Desafíos Relacionados con la Escalabilidad

Si bien la RPA es eficiente para tareas específicas, su escalabilidad es un desafío en organizaciones grandes. Zanel (2023) observa que "a medida que aumenta el volumen de trabajo, la RPA puede enfrentar limitaciones técnicas que reducen su eficacia" (Zanel, 2023). Además, la falta de una estrategia clara para ampliar la automatización puede llevar a problemas de mantenimiento y altos costos.

Implementar un enfoque de escalabilidad gradual es una recomendación clave, donde se expande la RPA paso a paso, asegurando que el sistema esté optimizado antes de pasar al siguiente nivel. Zanel (2023) menciona que "adoptar un enfoque modular ayuda a las empresas a adaptar la tecnología según sus necesidades" (Zanel, 2023).

Estrategias para Superar los Obstáculos en la Adopción de RPA

1.5.1 **Fomento de una Cultura de Innovación**: Fomentar una mentalidad de adaptación al cambio dentro de la organización ayuda a reducir la resistencia. Nova Cárdenas (2020) sugiere que "crear una cultura que valore la innovación y el aprendizaje continuo facilita la integración de nuevas tecnologías como la RPA" (Nova Cárdenas, 2020).

1.5.2 **Capacitación Continua**: Ofrecer capacitación técnica en el uso de RPA y herramientas relacionadas permite a los empleados adaptarse más rápidamente a la tecnología, como recomienda Díaz Noriega (2023), destacando la importancia de un equipo bien preparado y seguro de sus capacidades (Díaz Noriega, 2023).

1.5.3 **Estrategias de Integración y Escalabilidad**: Implementar una estrategia de escalabilidad gradual y flexible ayuda a las empresas a adaptarse a un aumento en el volumen de automatización. Además, Zanel (2023) sostiene que la integración de middleware y APIs favorece la compatibilidad entre sistemas, optimizando la funcionalidad de la RPA a largo plazo (Zanel, 2023).

Aspectos Clave para la Implementación Exitosa de RPA

La implementación de Automatización Robótica de Procesos (RPA) en las organizaciones requiere de un análisis y preparación cuidadosa de diversos factores que influyen en su éxito. Estos aspectos incluyen desde la correcta selección de procesos hasta la capacitación del personal, abordando también estrategias que maximizan sus beneficios.

5.1 Selección de Procesos Adecuados

La identificación de procesos adecuados para automatizar es fundamental para garantizar el retorno de inversión en RPA. Según Lucio Mendoza (2020), "la selección de tareas debe enfocarse en aquellas de alto volumen y baja variabilidad, donde la intervención humana se centra en funciones repetitivas y de bajo valor agregado" (Lucio Mendoza, 2020) . En este sentido, la implementación debe considerar procesos que sean altamente estructurados, como la entrada de datos o conciliaciones financieras, donde la RPA pueda liberar recursos humanos para tareas más complejas.

5.2 Formación del Personal

El éxito de la RPA depende en gran medida de la aceptación y capacitación del personal involucrado. Hurtado-Guevara (2024) menciona que "la capacitación permite que el equipo comprenda las funcionalidades de la RPA y su potencial, ayudando a reducir la resistencia al cambio" (Hurtado-Guevara, 2024). Es esencial invertir en programas de formación que capaciten tanto a los desarrolladores como a los usuarios finales para facilitar una adaptación y uso efectivo de la tecnología.

5.3 Definición de una Estrategia de Gestión del Cambio

La resistencia al cambio es un desafío frecuente en la adopción de RPA, y la falta de una estrategia clara puede comprometer su éxito. Suárez Gallegos (2024) subraya que "un plan de comunicación efectivo y la participación de líderes de equipo son factores que facilitan la transición hacia un entorno automatizado" (Suárez Gallegos, 2024). Involucrar a los empleados desde las fases iniciales y comunicar claramente los beneficios de la RPA son estrategias clave para mitigar la resistencia.

6. Estrategias para Maximizar los Beneficios de la RPA

6.1 Implementación por Fases

La implementación gradual es una práctica recomendada para adaptar la organización de forma controlada. Vega Guevara (2021) recomienda "iniciar con un piloto en un área específica para luego escalar la automatización en toda la organización, lo que permite realizar ajustes y mejoras antes de una adopción masiva" (Vega Guevara, 2021). Este enfoque minimiza el impacto de la implementación y asegura una mayor estabilidad en el proceso.

6.2 Monitoreo y Optimización Continua

El seguimiento constante de los bots de RPA es esencial para detectar áreas de mejora. Martínez Villamarín (2018) explica que "la supervisión permite identificar rápidamente posibles fallos en los procesos automatizados, facilitando su corrección y mejora" (Martínez Villamarín, 2018). La optimización continua asegura que los bots operen al máximo de su capacidad, adaptándose a cambios en los procesos de negocio.

6.3 Enfoque en la Interoperabilidad y Escalabilidad

Finalmente, es importante que las soluciones de RPA sean flexibles y compatibles con otros sistemas empresariales. Lucio Mendoza (2020) señala que "la RPA debe integrarse sin problemas con el software existente y permitir su expansión para enfrentar el crecimiento futuro" (Lucio Mendoza, 2020). Utilizar APIs y middleware facilita esta interoperabilidad, lo cual es crucial en organizaciones con infraestructuras tecnológicas complejas.

Capítulo 3: Impacto de RPA en la Fuerza Laboral y la Evolución del Empleo

La Automatización Robótica de Procesos (RPA) está remodelando profundamente el mercado laboral al reducir la necesidad de intervención humana en tareas repetitivas y de bajo valor. Su impacto ha generado tanto retos como oportunidades, llevando a organizaciones y gobiernos a reflexionar sobre la necesidad de una estrategia de adaptación efectiva para la fuerza laboral.

3.1 Transformación del Mercado Laboral: Efectos en el Empleo

La automatización mediante RPA ha cambiado la estructura de empleo en múltiples sectores, especialmente en industrias como la financiera, la logística y la atención al cliente, donde las tareas suelen ser repetitivas. Según Lucio Mendoza (2020), "la RPA permite reducir la intervención humana en tareas de entrada de datos, validación de transacciones y control de calidad, lo cual libera tiempo para que los empleados se concentren en actividades estratégicas" (Lucio Mendoza, 2020). A medida que las empresas adoptan RPA, la demanda de trabajadores para realizar tareas manuales disminuye, lo que impulsa una reestructuración de los roles laborales y exige nuevas habilidades.

Un estudio de Hurtado-Guevara (2024) revela que, en sectores como el bancario, la adopción de RPA ha reducido los costos laborales, pero ha incrementado la demanda de puestos orientados a la supervisión de tecnología y la gestión de datos (Hurtado-Guevara, 2024). Este cambio ha obligado a los empleados a actualizarse y adquirir nuevas competencias técnicas para mantenerse competitivos en el mercado.

3.2 Estrategias de Reorganización y Reentrenamiento para una Transición Eficiente

La reorganización laboral en el contexto de RPA implica no solo la creación de nuevos roles, sino también el reentrenamiento de empleados para que puedan adaptarse a un entorno de trabajo automatizado. La formación en competencias digitales y analíticas es crucial, ya que permite a los empleados gestionar y supervisar la tecnología de RPA en lugar de realizar las tareas que antes ejecutaban manualmente.

Capacitación en Habilidades Digitales y Analíticas: El reentrenamiento en habilidades digitales es una estrategia esencial. Vega Guevara (2021) explica que "la RPA no solo exige habilidades técnicas básicas, sino también capacidades para el análisis y resolución de problemas complejos" (Vega Guevara, 2021). Las organizaciones deben priorizar programas de capacitación que incluyan tanto conocimientos técnicos sobre automatización como habilidades de gestión de proyectos para maximizar la eficacia de la RPA.

Desarrollo de Planes de Carrera Adaptados a la RPA: La implementación de RPA representa una oportunidad para que las organizaciones reestructuren los planes de carrera, orientando a los empleados hacia roles más estratégicos. Hurtado-Guevara (2024) señala que "diseñar trayectorias profesionales que incluyan el desarrollo de competencias tecnológicas mejora la retención de talento y facilita la transición a un entorno de trabajo automatizado" (Hurtado-Guevara, 2024). Esta estrategia no solo aumenta la empleabilidad de los trabajadores, sino que también asegura que la empresa cuente con personal capacitado y comprometido.

La adaptación al cambio tecnológico es un proceso complejo que involucra más que solo la implementación de nuevas herramientas o sistemas. Requiere, fundamentalmente, un enfoque cultural que promueva la apertura hacia la innovación, el aprendizaje continuo y la disposición de los empleados a adaptarse a nuevas formas de trabajo. Este cambio de mentalidad es esencial para integrar con éxito tecnologías emergentes, como la Automatización de Procesos Robóticos (RPA), en las organizaciones. La resistencia al cambio es uno de los obstáculos más comunes a la hora de adoptar nuevas tecnologías, y, en este sentido, fomentar una cultura de adaptación se convierte en una estrategia clave para superarla. Según Vega Guevara (2021), "crear una cultura de adaptación a la tecnología facilita la integración de la RPA en los procesos de trabajo, ya que reduce la resistencia al cambio" (Vega Guevara, 2021, p. 45). Este enfoque cultural promueve una mentalidad más flexible en los empleados, que se sienten más preparados y menos amenazados por la introducción de nuevas tecnologías.

Al promover una cultura organizacional que valore la adaptación y el cambio, las empresas pueden facilitar no solo la adopción de la RPA, sino también el alineamiento entre los objetivos organizacionales y el bienestar de los empleados. Esta disposición para cambiar permite que las empresas adopten la RPA de manera más rápida y efectiva, lo que a su vez les otorga una ventaja competitiva en el mercado. La adopción tecnológica, si bien puede generar incertidumbre, se vuelve mucho más fluida cuando se cuenta con el apoyo de los empleados, quienes comprenden los beneficios de la automatización no solo para la organización, sino también para su propio desarrollo profesional. En lugar de percibir la RPA como una amenaza, se convierte en una oportunidad para mejorar la calidad de los procesos y optimizar el tiempo dedicado a tareas repetitivas. Al integrar esta cultura de adaptabilidad, las organizaciones pueden asegurarse de que la transición hacia el uso de RPA sea más fluida y productiva, contribuyendo al crecimiento a largo plazo tanto de la empresa como de sus colaboradores.

3.3 Reorganización de Roles y Creación de Nuevas Oportunidades Laborales

La introducción de la RPA en los procesos empresariales no solo implica la automatización de tareas, sino que también da lugar a una reorganización estructural que genera nuevas oportunidades laborales. A medida que los procesos repetitivos y monótonos son gestionados por los bots, se libera tiempo y recursos que pueden ser reorientados hacia tareas de mayor valor agregado. Este cambio abre la puerta a la creación de roles especializados en la gestión, supervisión y optimización de los procesos automatizados. De hecho, se han generado nuevas funciones como los supervisores de automatización, los analistas de eficiencia y los gestores de innovación tecnológica. Estos roles, que anteriormente no existían o eran apenas marginales, se han convertido en fundamentales para asegurar que la RPA se ejecute correctamente y aporte los beneficios esperados. Según Martínez Villamarín (2018), "la creación de puestos especializados en la gestión de RPA y la optimización de procesos permite a las empresas mejorar su competitividad sin sacrificar la estabilidad laboral" (Martínez Villamarín, 2018, p. 92). De esta manera, la automatización no solo mejora la eficiencia, sino que también abre nuevas oportunidades laborales que requieren habilidades técnicas y estratégicas.

La creación de estos nuevos roles es clave para asegurar que las empresas puedan aprovechar al máximo las ventajas de la RPA, al mismo tiempo que fomentan el crecimiento profesional de sus empleados. A medida que la automatización de procesos aumenta, las organizaciones deben asegurarse de que sus equipos cuenten con las competencias necesarias para gestionar estas tecnologías de manera efectiva. Esto no solo implica el desarrollo de habilidades técnicas, sino también la capacidad de tomar decisiones informadas sobre qué procesos automatizar y cómo optimizarlos para obtener el mayor beneficio posible. Además, estos nuevos puestos no solo contribuyen a la competitividad de las empresas, sino que también son una respuesta positiva a los temores de pérdida de empleo debido a la automatización. La creación de roles especializados demuestra que la RPA puede coexistir con la fuerza laboral humana, brindando un equilibrio entre la eficiencia operativa y la estabilidad laboral. Este enfoque asegura que la integración de la RPA sea un proceso inclusivo, donde la tecnología y el talento humano se complementan, fomentando un entorno de trabajo más dinámico y resiliente.

Los cambios en la demanda laboral que genera la RPA también afectan a la economía en general, ya que impulsan una tendencia hacia la especialización en el empleo. La RPA fomenta una fuerza laboral que puede desempeñar tareas analíticas y de supervisión tecnológica, habilidades que tienen una demanda creciente en el mercado. En su estudio, Herrera Vázquez y Saldaña Miranda (2024) destacan que "la necesidad de habilidades analíticas y tecnológicas ha incrementado la oferta de empleo en áreas de tecnología de la información y gestión de procesos" (Herrera Vázquez & Miranda, 2024).

3.4 Perspectivas Futuras

El impacto de la RPA en la fuerza laboral es profundo y multifacético, y exige tanto de las organizaciones como de los empleados un enfoque proactivo hacia el cambio. Para maximizar los beneficios de la RPA y minimizar sus efectos disruptivos, las empresas deben invertir en la capacitación continua de su personal y fomentar una cultura organizacional que abrace la innovación y el aprendizaje. La reorganización de roles, el desarrollo de habilidades analíticas y la implementación de un plan de carrera adaptado a la automatización son estrategias clave para que las organizaciones y sus empleados puedan evolucionar en un mercado laboral cambiante.

Este marco teórico proporciona una base sólida para comprender no solo la relación entre la RPA y el mercado laboral, sino también cómo esta tecnología puede convertirse en una oportunidad para el desarrollo del capital humano. A medida que la RPA se implementa en las organizaciones, se abren nuevas posibilidades tanto para la mejora de la eficiencia operativa como para la creación de nuevos roles profesionales que se centren en la gestión, programación y mantenimiento de los bots. Esta transformación no solo cambia la naturaleza de los trabajos existentes, sino que también contribuye a la creación de empleos más especializados y estratégicos. En este sentido, la adopción de estrategias adecuadas de implementación de RPA puede servir como un catalizador para el crecimiento profesional, ya que fomenta la innovación y permite a los trabajadores aprovechar nuevas oportunidades de capacitación y especialización. Además, el impacto de la automatización en el mercado laboral va más allá de la simple sustitución de tareas repetitivas. Como observa Suárez Gallegos (2024), la adopción de estas tecnologías permite a las organizaciones mantener su competitividad a largo plazo, lo que a su vez facilita la creación de un entorno laboral que promueve el aprendizaje continuo y la adaptación constante a los cambios. Así, la evolución del empleo no debe percibirse únicamente como una amenaza, sino como una oportunidad para la innovación, el crecimiento personal y la mejora de las capacidades profesionales.

3.5 Pasos prácticos para la Implementación de RPA

La implementación efectiva de la RPA comienza con un análisis detallado de los procesos internos de la organización para identificar aquellos que son adecuados para ser automatizados. Este proceso de identificación es crucial, ya que no todos los procedimientos son susceptibles de ser automatizados de manera eficiente. Para que la automatización sea efectiva, es fundamental que los procesos seleccionados sean altamente repetitivos, estructurados y basados en reglas claras. La entrada de datos, la reconciliación de cuentas y la generación de informes son ejemplos típicos de tareas que cumplen con estos criterios. Según Suárez Gallegos (2024), "los procesos ideales para la RPA son aquellos de alta repetitividad y reglas claras, como la entrada de datos y la reconciliación de cuentas" (p. 102). Esto se debe a que los bots de RPA están diseñados para manejar tareas que requieren poca intervención humana y cuya ejecución es consistente y predecible en todas las iteraciones. Al automatizar estos procesos, las organizaciones pueden minimizar la posibilidad de errores humanos, lo que a su vez aumenta la precisión y la fiabilidad de los resultados obtenidos.

Además, la automatización de tareas repetitivas no solo mejora la eficiencia operativa, sino que también libera a los empleados de trabajos tediosos, permitiéndoles centrarse en tareas más estratégicas que requieren creatividad y toma de decisiones. No obstante, es crucial que la selección de los procesos sea adecuada, ya que automatizar tareas que requieren juicio humano o toma de decisiones complejas puede no generar los beneficios esperados. En algunos casos, ciertas tareas pueden ser gestionadas más eficientemente por personas, especialmente cuando el contexto o la flexibilidad son factores importantes. La clave del éxito en la implementación de la RPA radica en identificar procesos que aporten un alto retorno de inversión al ser automatizados, mientras se mantiene un balance entre la intervención humana y la automatización. Este enfoque asegura que la RPA no solo optimiza la productividad, sino que también crea un entorno laboral más equilibrado y adaptado a las nuevas demandas tecnológicas.

3.6 Selección de Herramientas y Software de RPA

Una vez definidos los procesos a automatizar, el siguiente paso es seleccionar el software de RPA que mejor se ajuste a las necesidades de la organización. Las plataformas como UiPath, Automation Anywhere y Blue Prism son ampliamente recomendadas debido a su capacidad para integrarse con sistemas empresariales existentes y su adaptabilidad a diferentes entornos operativos, como la nube y sistemas locales (Rodríguez Soto, 2018). La elección de la herramienta adecuada es crucial para la escalabilidad y funcionalidad a largo plazo de los bots, ya que cada plataforma ofrece características específicas que facilitan la gestión, el control y la implementación de los procesos automatizados. Además, estas herramientas suelen incluir funciones de inteligencia artificial que permiten que los bots aprendan y se adapten a nuevas situaciones, mejorando su eficacia y reduciendo la necesidad de intervención humana en procesos futuros, una cualidad especialmente útil para empresas en expansión.

3.7 Implementación Piloto, Ajustes y Escalado

Tras la configuración inicial, se recomienda una implementación piloto para evaluar el rendimiento del sistema en un entorno controlado. Este piloto permite identificar ajustes necesarios antes de una implementación completa, minimizando riesgos y asegurando que el sistema funcione correctamente en condiciones reales. Ochoa Surco (2022) afirma que "el piloto es una fase crítica, ya que permite realizar mejoras en el flujo de trabajo y ajustar las configuraciones de los bots".

Después de una implementación piloto exitosa, el sistema puede escalarse a otros procesos de la organización. El mantenimiento continuo y la actualización de los bots son cruciales para optimizar su desempeño y garantizar que se adapten a los cambios en los procesos de negocio, lo cual es especialmente relevante en entornos operativos en constante evolución. Además, una capacitación del personal asegura que los empleados comprendan y supervisen efectivamente los bots, promoviendo una adopción exitosa y una transición fluida hacia una cultura de trabajo automatizada.

3.8 RPA y Sostenibilidad Empresarial

La Automatización Robótica de Procesos (RPA) es una herramienta que contribuye a la sostenibilidad empresarial al optimizar procesos, reducir el uso de recursos y minimizar el impacto ambiental. RPA permite a las empresas reducir el consumo de papel, electricidad y otros insumos mediante la automatización de tareas administrativas, como entrada de datos y generación de informes, que tradicionalmente requieren un alto uso de recursos físicos y humanos. Según Encalada y Cueva (2023), "la automatización de procesos productivos y comerciales disminuye la demanda de insumos, contribuyendo a una reducción del impacto ambiental significativo". Esta capacidad de la RPA para reducir la dependencia de materiales y energía en operaciones diarias convierte a esta tecnología en un componente clave para las estrategias de sostenibilidad corporativa.

Reducción del Impacto Ambiental

La implementación de RPA ha demostrado ser altamente efectiva para reducir los desechos y el consumo energético en diversas industrias. En el sector textil, por ejemplo, empresas como ECOALF, una marca de ropa sostenible, han integrado prácticas automatizadas dentro de sus operaciones para minimizar el desperdicio en los procesos de producción. La automatización de la gestión de inventarios a través de RPA no solo optimiza la logística y reduce los errores humanos, sino que también contribuye significativamente a disminuir el impacto ambiental de residuos textiles (Encalada & Cueva, Á. D. S, 2023). Esta integración de la RPA ayuda a reducir los excedentes de producción, maximizando la eficiencia de los recursos y limitando el desperdicio de materiales.

Además, RPA tiene el potencial de disminuir el consumo energético en las operaciones de las empresas mediante la automatización de horarios, la eliminación de tareas redundantes y la optimización de los procesos productivos. Este enfoque no solo reduce los costos operativos, sino que también permite un funcionamiento más eficiente de las operaciones empresariales, apoyando un modelo de negocio más sostenible. En la industria textil, por ejemplo, el uso de RPA en tareas administrativas ha permitido reducir el consumo de papel y electricidad hasta en un 30%, como se señala en el estudio de Cartagena Gómez (2024), que analiza la implementación de la economía circular en la industria de la ropa. De este modo, la automatización se convierte en una herramienta clave no solo para la mejora de la eficiencia, sino también para la promoción de prácticas empresariales más responsables con el medio ambiente.

Ejemplos de Empresas con Prácticas Sostenibles Integradas en RPA

Ejemplos de empresas que han integrado prácticas sostenibles a través de RPA destacan cómo este tipo de automatización puede ser una pieza central en la estrategia de responsabilidad social corporativa. Empresas líderes en distintas industrias están adoptando RPA como parte de su compromiso con la sostenibilidad y la reducción de su huella ambiental. Un ejemplo destacado es Nike, que ha incorporado RPA en sus cadenas de suministro para optimizar la distribución de productos, lo que no solo mejora la eficiencia logística, sino que también contribuye significativamente a reducir la emisión de CO_2 al reducir los viajes innecesarios y mejorar las rutas de transporte (Cartagena Gómez, 2024). Al optimizar el flujo de productos y materiales, Nike ha logrado disminuir tanto los costos como su impacto ambiental, contribuyendo a la lucha contra el cambio climático. Por otro lado, Fabricato, una empresa textil ubicada en Colombia, utiliza RPA para gestionar de manera eficiente el consumo de agua y productos químicos en sus plantas de denim. Esta es una acción crucial dentro de la industria textil, donde la sobreexplotación de estos recursos puede generar impactos ambientales graves. Gracias a la automatización, Fabricato no solo optimiza sus procesos de producción, sino que también reduce la contaminación derivada de sus actividades. Estos ejemplos muestran cómo la implementación de RPA puede ser una herramienta poderosa para mejorar la sostenibilidad de las empresas, alineando sus operaciones con las crecientes exigencias ecológicas y las normativas ambientales globales. Al adoptar estas prácticas, las empresas no solo mejoran su eficiencia operativa, sino que también demuestran un compromiso real con el medio ambiente, generando un modelo de negocio que prioriza tanto la rentabilidad como la responsabilidad social y ambiental.

La intersección entre la Automatización de Procesos Robóticos (RPA, por sus siglas en inglés) y la seguridad cibernética constituye un área crítica de estudio en el contexto de la transformación digital. RPA, definida como el uso de tecnologías avanzadas para automatizar tareas repetitivas y basadas en reglas, está revolucionando el ámbito empresarial al permitir una mayor eficiencia operativa y reducir errores humanos. Sin embargo, la implementación de RPA también presenta importantes desafíos y riesgos en términos de seguridad cibernética, ya que la naturaleza de los robots de software puede generar vulnerabilidades que comprometen la protección de datos.

Capítulo 4: RPA y Ciberseguridad

4.1 Automatización de Procesos Robóticos (RPA)

RPA se ha convertido en una herramienta esencial en la optimización de procesos empresariales, permitiendo la automatización de tareas que tradicionalmente requerían intervención humana. Según Aguirre y Rodríguez (2022), "la RPA representa una revolución en el ámbito de la automatización, transformando tareas administrativas y operativas a través de software capaz de replicar actividades humanas con precisión y velocidad" (p. 15). Esta tecnología es utilizada en una variedad de industrias, incluyendo finanzas, atención médica, y manufactura, donde su capacidad para reducir costos y mejorar la productividad es ampliamente reconocida (Gartner, 2021).

4.2 Riesgos de Seguridad Cibernética Asociados a la Implementación de RPA

La integración de bots de RPA dentro de los sistemas empresariales introduce riesgos cibernéticos específicos debido a su capacidad para interactuar con aplicaciones y datos sensibles. Algunos de los principales riesgos incluyen:

- **Acceso no autorizado**: Los bots de RPA a menudo operan con altos niveles de acceso a los sistemas, lo cual puede representar un riesgo significativo si un atacante logra comprometer uno de estos bots. Tal y como indica Ernst & Young (EY, 2020), "los bots de RPA a menudo tienen privilegios elevados para completar tareas específicas, y sin controles de seguridad adecuados, esto puede representar una puerta abierta para ciberataques" (p. 19) (Ernst & Young, 2020).

- **Gestión de credenciales**: Los bots necesitan acceder a múltiples sistemas para completar sus tareas, lo que implica que requieren credenciales de usuario. La mala gestión de estas credenciales, como almacenarlas en texto plano o sin cifrado, representa un riesgo de seguridad significativo. Microsoft (2021) advierte que "almacenar credenciales sin cifrado o en sistemas sin controles de acceso es una de las principales fuentes de vulnerabilidad en la RPA" (p. 43) (Microsoft, 2021).

- **Amenazas internas y abuso de privilegios**: Los empleados que configuran o gestionan bots de RPA pueden, de manera intencionada o accidental, abusar de los privilegios del bot para acceder a información sensible. Según el Instituto SANS (2020), "las amenazas internas siguen siendo una de las principales preocupaciones para la ciberseguridad, y la RPA puede aumentar este riesgo si no se gestionan adecuadamente los privilegios" (p. 29) (SANS, 2020).

4.3 Estrategias para Garantizar la Seguridad en Implementaciones de RPA

Dado el nivel de acceso que los bots de RPA tienen a los datos sensibles, implementar estrategias de protección de datos robustas es esencial. A continuación, se presentan algunas de las prácticas recomendadas:

- **Autenticación de múltiples factores (MFA)**: Incorporar la autenticación de múltiples factores en el acceso de los bots ayuda a prevenir accesos no autorizados. Como recomienda el NIST (2020), "la autenticación multifactorial es esencial para reducir el riesgo de accesos no autorizados en sistemas críticos" (p. 15) (National Institute of Standards and Technology (NIST), 2020).

- **Cifrado de datos y credenciales**: Los datos que manejan los bots de RPA deben estar encriptados, tanto en tránsito como en reposo. La International Organization for Standardization (ISO 27001, 2019) sugiere que "el cifrado es fundamental para la protección de datos en el contexto de la automatización y debería ser obligatorio en procesos que involucran información confidencial" (p. 32) (International Organization for Standardization., 2019).

- **Segmentación de redes y controles de acceso**: Separar las redes en las que operan los bots y limitar los accesos puede minimizar el impacto de un potencial ataque. Como indica Gartner (2021), "la segmentación de redes ayuda a contener y mitigar los daños en caso de una violación de seguridad" (p. 49) (Gartner, 2021).

- **Monitoreo continuo y auditoría**: La implementación de sistemas de monitoreo y auditoría es clave para detectar actividades sospechosas en tiempo real y tomar acciones correctivas inmediatas. Según PwC (2020), "el monitoreo continuo de los bots de RPA permite a las organizaciones identificar y responder rápidamente a actividades anómalas" (p. 27) (PwC., 2020).

La implementación de RPA en las organizaciones tiene el potencial de optimizar significativamente los procesos, pero también introduce riesgos de seguridad cibernética específicos. La capacidad de los bots para acceder a datos sensibles y ejecutar tareas críticas puede ser explotada si no se aplican medidas de seguridad adecuadas. La implementación de controles de acceso, autenticación fuerte, cifrado y monitoreo continuo son algunas de las prácticas recomendadas para mitigar estos riesgos. Como señala KPMG (2021), "la ciberseguridad en la RPA debe ser una prioridad en la estrategia de transformación digital de cualquier organización para garantizar la integridad y confidencialidad de los datos" (p. 37) (KPMG., 2021).

4.4 Cifrado de Datos en Tránsito y en Reposo

El cifrado de datos es una técnica de seguridad esencial para proteger la información sensible que manejan los bots de RPA. Smith (2021) argumenta que "el cifrado en tránsito y en reposo debe ser un estándar en todas las implementaciones de RPA, especialmente en sectores como el financiero, donde la confidencialidad de la información es crucial" (p. 68). El cifrado ayuda a garantizar que los datos no sean legibles en caso de interceptación durante la transferencia o el almacenamiento (Smith & Jones, L. , 2021)

4.5 Caso de Estudio: Implementación de RPA Segura en el Sector Bancario

La banca es una de las industrias que más se beneficia de la implementación de RPA debido a su necesidad de manejar grandes volúmenes de transacciones y datos de clientes. Sin embargo, esta industria también es una de las más atacadas por ciberdelincuentes. Según un informe de McKinsey (2021), "las entidades bancarias que implementan RPA deben priorizar la integración de soluciones de seguridad cibernética avanzadas desde el diseño, ya que la protección de los datos de los clientes es una obligación ética y legal" (p. 12). Un ejemplo exitoso de esta integración es el uso de bots que operan bajo protocolos de seguridad estrictos y con registros de auditoría detallados que permiten el rastreo de todas las actividades (McKinsey & Company., 2021).

4.6 Futuro de la Seguridad en la RPA: Inteligencia Artificial y Aprendizaje Automático

Las tecnologías emergentes como la inteligencia artificial (IA) y el aprendizaje automático (ML) están comenzando a integrarse con RPA para mejorar la seguridad. Estas tecnologías permiten que los bots aprendan y se adapten a amenazas cibernéticas en tiempo real, detectando y respondiendo a patrones anómalos. Según Zhang y Wei (2022), "la integración de IA en RPA no solo aumenta la eficiencia de los procesos, sino que también permite la implementación de defensas de ciberseguridad proactivas, reduciendo el riesgo de ataques exitosos" (p. 49) (Zhang & Wei, H., 2022).

La intersección entre RPA y la ciberseguridad destaca la necesidad de adoptar una postura de seguridad integral al implementar procesos automatizados. Si bien RPA ofrece ventajas competitivas significativas, su aplicación debe ser cuidadosamente gestionada para mitigar los riesgos inherentes a la automatización. Con estrategias de autenticación robustas, monitoreo constante y el uso de tecnologías avanzadas, es posible maximizar los beneficios de RPA al tiempo que se garantiza la protección de los datos y la integridad de los sistemas.

Capítulo 5: Impacto de la RPA en los Procesos Administrativos Educativos

La integración de RPA en instituciones educativas puede automatizar procesos administrativos que antes requerían una gran inversión de tiempo y recursos humanos. Por ejemplo, en la gestión de inscripciones, facturación, y administración de archivos académicos, la RPA reduce significativamente el margen de error y agiliza estos procesos. Smith y Jones (2021) argumentan que "la automatización en los sistemas educativos mejora la eficiencia y permite que los recursos humanos se concentren en actividades educativas de mayor impacto" (p. 25) (Smith & Jones, L. , 2021). Esto facilita una mejor experiencia para estudiantes y personal, al tiempo que reduce costos operativos.

5.1 RPA y la Adaptación del Currículum para el Desarrollo de Habilidades Digitales

La introducción de la RPA en el ámbito educativo exige una transformación en el currículum que permita a los estudiantes adquirir las habilidades necesarias para interactuar y manejar estas tecnologías. El mercado laboral está demandando habilidades técnicas como programación, análisis de datos y comprensión de la inteligencia artificial, que son fundamentales para entender y trabajar con RPA. Como indica López y Martínez (2020), "las habilidades técnicas y el conocimiento en automatización y análisis de datos se están convirtiendo en competencias esenciales para los graduados de hoy, dado el auge de la transformación digital" (p. 31) (López & Martínez, P., 2020).

En este sentido, muchas instituciones están incorporando cursos sobre RPA y habilidades digitales en sus programas académicos, especialmente en áreas de negocios, ciencias de la computación y tecnología de la información. Este cambio en el currículum no solo ayuda a preparar a los estudiantes para empleos futuros, sino que también responde a una creciente demanda de profesionales capaces de diseñar, implementar y supervisar sistemas automatizados.

5.2 RPA como Herramienta para el Aprendizaje Activo y Personalizado

La automatización permite que los sistemas de aprendizaje se adapten a las necesidades individuales de los estudiantes, proporcionando retroalimentación en tiempo real y recomendaciones personalizadas basadas en el progreso de cada alumno. Según Chen et al. (2021), "la RPA en el entorno de aprendizaje permite una personalización que facilita una experiencia educativa adaptada a las necesidades y ritmo de cada estudiante, optimizando los resultados académicos" (p. 46) (Chen, 2021).

5.3 Desafíos y Oportunidades de RPA en el Desarrollo de Habilidades para la Fuerza Laboral del Futuro

La adopción de RPA presenta tanto desafíos como oportunidades en términos de desarrollo de habilidades. Por un lado, la automatización de tareas repetitivas puede reducir la necesidad de ciertos trabajos administrativos, lo cual implica que los empleados deben desarrollar habilidades nuevas para mantenerse competitivos. Por otro lado, la necesidad de diseñar, mantener y mejorar sistemas de RPA crea una demanda de habilidades avanzadas en automatización, programación y análisis de datos. Jackson y Li (2022) afirman que "la educación debe preparar a los estudiantes no solo para operar sistemas automatizados, sino también para adaptarse a las transformaciones tecnológicas continuas" (p. 38) (Jackson & Li, Z., 2022).

5.4 Casos de Estudio: Implementación de RPA en Programas Educativos y Capacitación

Diversas universidades y empresas están adoptando RPA para mejorar sus programas de formación y capacitación. En un estudio realizado por McKinsey (2021), se encontró que "las organizaciones que incorporan RPA en sus programas de capacitación profesional logran una mayor adaptabilidad de su fuerza laboral a las demandas tecnológicas" (p. 52) (McKinsey & Company., 2021). Un ejemplo es la implementación de módulos de RPA en programas de ingeniería y ciencias computacionales, donde los estudiantes aprenden a programar bots de automatización y aplican estos conocimientos en proyectos de impacto social y económico.

5.5 El Rol de la Inteligencia Artificial y el Aprendizaje Automático en la RPA Educativa

La combinación de la RPA con la inteligencia artificial (IA) y el aprendizaje automático (ML) permite la creación de sistemas educativos más adaptativos y eficientes. Estas tecnologías pueden analizar grandes cantidades de datos educativos para identificar patrones en el aprendizaje de los estudiantes, lo que ayuda a adaptar los programas y estrategias de enseñanza de acuerdo con las necesidades de la fuerza laboral moderna. Zhang y Wei (2022) destacan que "el uso de IA y ML en sistemas de RPA no solo mejora la eficiencia del aprendizaje, sino que también abre la puerta a una educación personalizada que optimiza el desarrollo de habilidades" (p. 56) (Zhang & Wei, H., 2022).

La integración de RPA en el sistema educativo y el desarrollo de habilidades laborales representa un cambio paradigmático en la forma en que las instituciones preparan a los estudiantes para el mercado laboral. La automatización no solo optimiza los procesos administrativos, sino que también contribuye a la personalización de la experiencia educativa y al desarrollo de competencias esenciales para la economía digital. Para maximizar estos beneficios, las instituciones deben adaptar sus currículos, implementar programas de capacitación en habilidades tecnológicas y aprovechar las tecnologías emergentes como la inteligencia artificial y el aprendizaje automático.

La RPA transforma la forma en que las empresas gestionan tareas repetitivas, impulsando eficiencia y competitividad.

La Automatización Robótica de Procesos (RPA) ha transformado la forma en que las organizaciones gestionan tareas repetitivas, impulsando la eficiencia y la competitividad empresarial. La implementación de esta tecnología permite a las empresas mejorar su productividad y reducir costos operativos, lo que es crucial en un entorno globalizado. Según la CEPAL (2022), "la automatización y la IA pueden reducir los costos operativos, aumentar la precisión y mejorar la productividad en diversas industrias" (Bermúdez Irreño, RPA - Automatización Robótica de Procesos: Una revisión de la literatura, 2021).

Además de los beneficios operativos inmediatos, la RPA redefine el papel de los empleados en las organizaciones, liberándolos de las tareas repetitivas que tradicionalmente absorbían gran parte de su tiempo. Esto no solo permite a las organizaciones aprovechar mejor las capacidades de su personal, sino que también genera un entorno de trabajo más motivador, en el cual los empleados pueden concentrarse en actividades de mayor valor estratégico. Según estudios de la CEPAL, el avance de la IA y la RPA en diversas industrias representa una oportunidad para transformar profundamente el ámbito laboral y la productividad de las empresas: "La IA podría transformar profundamente el mundo del trabajo, la economía y la sociedad en su conjunto, al igual que lo hicieron en su momento la electricidad y la máquina de vapor".

La expansión de la RPA en múltiples sectores, como el financiero, el de la salud y el retail, ha demostrado el potencial de esta tecnología para mejorar significativamente la competitividad empresarial. Este potencial se debe en gran parte a su capacidad de reducir los tiempos de ejecución y los errores en procesos críticos, lo cual, a su vez, eleva la satisfacción de los clientes. En un mercado globalizado, la capacidad de reaccionar y adaptarse rápidamente a las necesidades del mercado se ha convertido en una ventaja competitiva fundamental, y la RPA juega un papel esencial en esta adaptabilidad. Además, al integrar RPA con IA, las empresas no solo automatizan tareas, sino que también adquieren la capacidad de analizar datos en tiempo real, lo que permite una toma de decisiones más rápida e informada.

La evolución de la RPA ha tenido un gran impacto en la productividad organizacional.

La RPA permite a las empresas realizar tareas automatizadas a través de robots de software que imitan las interacciones humanas con sistemas digitales, lo cual les permite ejecutar trabajos a gran escala sin errores humanos. Inicialmente, la RPA se limitaba a la automatización de tareas sencillas, como la introducción de datos o la gestión de correos electrónicos. Sin embargo, su evolución en los últimos años, impulsada por los avances en inteligencia artificial, ha ampliado su alcance para incluir tareas más complejas y adaptativas.

Desde un punto de vista histórico, la automatización de procesos ha sido un objetivo de las organizaciones desde la primera revolución industrial. No obstante, la diferencia con las tecnologías actuales es la capacidad de estas para adaptarse y mejorar a medida que reciben y procesan nuevos datos. La CEPAL subraya que "el potencial de la IA no radica únicamente en la automatización de tareas repetitivas, sino también en la capacidad de autoperfeccionarse, asumiendo una mayor variedad de tareas a medida que se optimiza el algoritmo". Así, la RPA ha pasado de ser una tecnología pasiva a una herramienta proactiva que contribuye a la mejora continua de los procesos, un aspecto clave para empresas que desean mantenerse competitivas en la era digital.

La RPA ha evolucionado significativamente desde sus inicios, pasando de automatizar tareas básicas a integrar capacidades avanzadas de inteligencia artificial y aprendizaje automático. Este desarrollo ha tenido un impacto notable en la productividad, permitiendo a las empresas adaptarse a un entorno en cambio constante. Álvarez Marín (2024) destaca este cambio en el contexto de la cuarta revolución industrial, señalando que "la RPA es una tecnología disruptiva que redefine la forma en que las empresas optimizan sus procesos y gestionan el trabajo humano" (Marín., 2024).

RPA automatiza tareas repetitivas

La RPA ha permitido un cambio significativo en el ámbito de la productividad organizacional. La tecnología proporciona a las empresas la capacidad de gestionar tareas repetitivas a una velocidad que antes era impensable. La automatización reduce no solo el tiempo necesario para completar estas tareas, sino también el riesgo de errores humanos, lo cual se traduce en una mayor calidad en los productos y servicios ofrecidos. Para muchas organizaciones, esta tecnología ha permitido cumplir con plazos más estrictos y mejorar los niveles de satisfacción del cliente, ya que los tiempos de respuesta se reducen drásticamente.

Uno de los beneficios más importantes de la RPA es que permite a los empleados centrarse en tareas de mayor valor. A medida que los robots de software asumen las tareas rutinarias, los trabajadores pueden dedicar más tiempo a la toma de decisiones estratégicas y a la resolución de problemas complejos, actividades en las que la intervención humana sigue siendo esencial. La tecnología no solo mejora la productividad operativa, sino que también eleva la calidad del trabajo humano, promoviendo un entorno en el que los empleados pueden desarrollar sus habilidades creativas y analíticas. Esta transformación representa una ventaja significativa para las empresas, que pueden asignar mejor sus recursos humanos y capital.

Además de los beneficios inmediatos, la RPA contribuye a una visión a largo plazo de la transformación digital. A medida que las empresas implementan RPA en sus procesos, acumulan datos valiosos que pueden analizar para mejorar su desempeño. Al utilizar estos datos, los robots pueden mejorar y adaptarse continuamente, lo cual es esencial en un entorno económico caracterizado por la rápida evolución y la competencia global. Según investigaciones recientes, esta capacidad de automejora es una de las principales ventajas de la RPA: la tecnología puede ofrecer no solo respuestas inmediatas, sino también información relevante para la mejora continua, permitiendo a las empresas tomar decisiones informadas y ajustarse rápidamente a las demandas del mercado.

La integración con IA y aprendizaje automático

La RPA ha evolucionado de simples scripts a sistemas avanzados que integran inteligencia artificial y aprendizaje automático, lo cual amplía sus capacidades de adaptabilidad y precisión. Esta evolución responde a las demandas de un mercado donde la precisión y la rapidez son esenciales. De acuerdo con la CEPAL, "la combinación de IA y RPA permite que las empresas optimicen procesos complejos, mejorando la precisión y adaptándose a entornos cambiantes" (Bermúdez Irreño, RPA - Automatización Robótica de Procesos: Una revisión de la literatura, 2021).

Esta evolución de la RPA ha permitido a las organizaciones superar las limitaciones de los sistemas tradicionales. A diferencia de la automatización convencional, la RPA puede trabajar de manera colaborativa con otras tecnologías, como los sistemas de inteligencia de negocios, permitiendo una integración total en los sistemas de la empresa. Esto ha sido clave para la transformación digital en sectores que dependen de procesos altamente regulados y que requieren precisión, como el sector bancario o el de salud, donde la automatización y la precisión son fundamentales para mejorar la calidad del servicio y reducir los errores en el manejo de datos sensibles.

Además, la RPA ha permitido un cambio cultural en las organizaciones, que ahora ven la tecnología como una aliada estratégica y no solo como una herramienta operativa. La RPA integrada con IA permite a las empresas adaptarse mejor a los cambios del entorno de manera ágil y eficaz, aprovechando al máximo el conocimiento acumulado en sus sistemas. A medida que la RPA se adapta a los cambios del mercado, las empresas pueden mantenerse competitivas y responder rápidamente a las nuevas demandas. Este cambio en la percepción de la tecnología también representa un cambio en la cultura organizacional, ya que los empleados comienzan a ver la automatización no como una amenaza, sino como una oportunidad para el desarrollo profesional y el crecimiento personal.

Mejora la productividad al reducir errores y redefinir roles en el entorno laboral.

La implementación exitosa de la RPA impacta positivamente la productividad organizacional al acelerar procesos, minimizar errores y redefinir los roles de los empleados. Esto crea un ambiente laboral más estimulante y enriquecedor, donde los trabajadores pueden concentrarse en tareas estratégicas. Según Álvarez Marín (2024), la RPA "mejora la precisión y reduce el tiempo necesario para completar tareas rutinarias, generando beneficios en toda la organización" (Marín., 2024).

Desde el punto de vista de la productividad, la RPA genera beneficios sustanciales, ya que permite completar tareas en menos tiempo y con una precisión mucho mayor en comparación con el trabajo manual. La reducción de errores resulta fundamental en sectores como el financiero, la atención médica y el sector legal, donde las fallas en los procesos pueden generar riesgos legales y financieros. Al implementar RPA, las empresas no solo reducen el tiempo necesario para completar las tareas, sino que también optimizan el uso de recursos, lo cual contribuye directamente a la reducción de costos operativos. Según estudios recientes, una organización puede reducir hasta un 30% de sus costos en ciertos procesos mediante la implementación de RPA, lo cual demuestra el poder transformador de esta tecnología en términos de ahorro y optimización.

Por otra parte, la RPA también permite una mejor distribución del trabajo, promoviendo un equilibrio entre tareas automatizadas y el trabajo humano. Este equilibrio es fundamental para mejorar la experiencia de los empleados, quienes pueden concentrarse en tareas que requieren habilidades interpersonales, pensamiento crítico y creatividad. La capacidad de la RPA para encargarse de tareas repetitivas no solo aumenta la eficiencia, sino que también contribuye a un entorno laboral más motivador y menos estresante para el personal, fomentando así una cultura de innovación y mejora continua. En este sentido, la RPA no reemplaza a los empleados, sino que libera su potencial, permitiéndoles contribuir de manera significativa al crecimiento de la organización.

RPA reduce tiempos y aumenta precisión

Los casos de éxito en la implementación de la RPA muestran resultados tangibles, como la reducción de tiempos de procesamiento y la mejora en la precisión de los procesos empresariales. Empresas líderes en sectores como la banca y el comercio minorista han adoptado la RPA para optimizar sus operaciones, logrando reducciones significativas en los costos y mejoras en la eficiencia.

Diversos casos de éxito en la implementación de RPA demuestran resultados tangibles, como la reducción de los tiempos de procesamiento y la mejora en la precisión de los procesos empresariales. Esto ha permitido a muchas empresas aumentar su eficiencia operativa y mejorar su posición competitiva. La CEPAL señala que la RPA "optimiza la eficiencia operativa y proporciona resultados medibles en términos de precisión y rapidez" (Benhamou, 2022).

Un ejemplo claro del éxito de la RPA se observa en el sector bancario, donde se ha utilizado para automatizar procesos de verificación de datos, gestión de cuentas y análisis de riesgos. Al eliminar el componente manual de estas tareas, la RPA permite a las entidades financieras reducir el tiempo de procesamiento de solicitudes y transacciones, aumentando así la satisfacción del cliente y la eficiencia en el servicio. Además, al reducir los errores en la introducción de datos, los bancos pueden minimizar los riesgos de fraude y mejorar la calidad de la información, lo cual es crucial en un entorno regulado y altamente competitivo. La CEPAL menciona que el uso de IA y RPA "puede optimizar la eficiencia operativa y mejorar la transparencia en la gestión de datos, proporcionando a las organizaciones una ventaja competitiva significativa".

En el sector de la salud, la RPA también ha mostrado ser un recurso valioso para mejorar la precisión en el manejo de registros médicos y en la administración de medicamentos. Al automatizar estas tareas, los profesionales de la salud pueden dedicar más tiempo a la atención directa de los pacientes, mejorando así la calidad de la atención. Además, la RPA reduce los errores en la gestión de datos y la administración de tratamientos, factores que son cruciales para evitar errores médicos y mejorar los resultados de los pacientes. Estos casos de éxito en distintos sectores reflejan el poder transformador de la RPA y su capacidad para impulsar mejoras en diversos aspectos del negocio, desde la reducción de costos hasta la mejora de la satisfacción del cliente y la calidad de los servicios.

RPA requiere gestión del cambio y estrategias de integración

La adopción de la RPA también presenta desafíos importantes que las organizaciones deben superar para lograr una implementación exitosa. Uno de los principales obstáculos es la resistencia al cambio por parte de los empleados, quienes a menudo ven la automatización como una amenaza para su estabilidad laboral. Este miedo puede reducir la disposición del personal a adoptar y colaborar con nuevas tecnologías, dificultando el proceso de implementación. Para mitigar este problema, es fundamental que las organizaciones promuevan una cultura de comunicación abierta y transparencia, explicando cómo la RPA puede mejorar el entorno laboral y los beneficios que puede traer a largo plazo tanto para la empresa como para los empleados.

Otro reto significativo es la complejidad técnica que implica integrar la RPA con los sistemas existentes en la empresa. Las organizaciones que poseen infraestructuras tecnológicas complejas pueden encontrar dificultades para adaptar la RPA a sus sistemas, lo cual puede ralentizar el proceso de implementación y aumentar los costos iniciales. Según un estudio, la integración de la RPA en una infraestructura ya existente requiere una planificación cuidadosa y una estrategia bien definida para evitar problemas técnicos que puedan comprometer la operatividad de la empresa. Es esencial que las organizaciones cuenten con un equipo técnico capacitado que pueda gestionar la transición de manera efectiva, asegurando que la RPA se implemente de forma coherente con los objetivos de la empresa.

Además, la gestión del cambio juega un papel fundamental en el éxito de la implementación de la RPA. Las organizaciones deben prepararse para gestionar no solo los aspectos técnicos, sino también los cambios culturales que la RPA implica. Esto incluye capacitar a los empleados para que se adapten a sus nuevos roles y desarrollen habilidades que les permitan interactuar con la tecnología de manera eficaz. Aunque la RPA ofrece numerosos beneficios, su adopción también presenta desafíos, tales como la resistencia al cambio y la complejidad técnica de integrar la tecnología con sistemas ya existentes. Estos desafíos requieren una gestión estratégica y efectiva del cambio para lograr una implementación exitosa. Clúa de Yarza (2020) destaca que "la integración de la automatización en las empresas depende de una planificación cuidadosa y de un enfoque en la gestión del cambio" (Clúa de Yarza, 2020).

RPA fomenta la colaboración entre humanos y tecnología

La RPA no solo impulsa la productividad empresarial, sino que también fomenta la colaboración entre humanos y tecnología, transformando el futuro del trabajo. Este enfoque colaborativo redefine el rol del empleado y fortalece la eficiencia y competitividad en el entorno empresarial actual. De acuerdo con la CEPAL, "la interacción entre humanos y RPA puede crear un entorno colaborativo que maximiza las fortalezas de ambos, mejorando la competitividad" (Benhamou, 2022).

La implementación de la RPA representa una oportunidad para que las organizaciones redefinan sus procesos y promuevan una cultura de innovación y mejora continua. La automatización permite a las empresas adaptarse de manera más ágil a los cambios del mercado, optimizando sus operaciones y mejorando su capacidad de respuesta. En lugar de limitarse a reducir costos, la RPA permite a las empresas adoptar una visión de crecimiento y desarrollo a largo plazo, donde la eficiencia y la creatividad son elementos clave para el éxito. Según la CEPAL, "la integración de la IA y RPA en el entorno laboral puede redefinir la estructura organizativa y facilitar la transición hacia un modelo de trabajo más dinámico y colaborativo".

Además, la RPA fomenta una mayor colaboración y confianza entre los empleados y la tecnología, promoviendo un ambiente de trabajo en el que ambas partes pueden crecer y desarrollarse. A medida que los empleados se adaptan a trabajar junto a la RPA, se vuelven más receptivos a las nuevas tecnologías y al cambio continuo, lo cual es fundamental en una economía digital que evoluciona constantemente. Esta relación simbiótica entre humanos y tecnología permite que las empresas se mantengan competitivas y que los empleados se sientan empoderados, sabiendo que su trabajo tiene un impacto significativo en la organización y en el desarrollo de nuevas competencias digitales. La combinación de tecnología avanzada y talento humano crea un entorno propicio para la innovación y la transformación, sentando las bases para el futuro del trabajo.

La RPA optimiza costos y mejora la eficiencia

La evolución constante de la RPA y sus beneficios tangibles la convierten en una herramienta fundamental en diversas industrias, optimizando costos, mejorando la eficiencia operativa y reduciendo errores. En sectores como la logística y la manufactura, la RPA permite realizar tareas con mayor precisión y velocidad, lo que es crucial en un mercado globalizado. Álvarez Marín (2024) subraya que "la RPA optimiza procesos clave en múltiples sectores, lo cual aumenta la competitividad y reduce los costos operativos" (Marín., 2024).

En el sector manufacturero, la RPA ha transformado la forma en que se ejecutan los procesos de producción y control de calidad. Con el uso de robots de software, las empresas pueden realizar inspecciones automatizadas que identifican defectos y garantizan que los productos cumplan con los estándares de calidad establecidos. Esta automatización permite un ahorro significativo de costos al reducir las pérdidas por productos defectuosos y mejorar el aprovechamiento de los recursos materiales. Además, la RPA facilita la recopilación y análisis de datos de producción en tiempo real, lo que permite a los gerentes tomar decisiones informadas para optimizar aún más la eficiencia operativa.

La industria financiera también ha experimentado una transformación con la incorporación de RPA en sus operaciones. La automatización de tareas como la verificación de datos, la auditoría de cuentas y la gestión de riesgos ha permitido que los bancos y otras entidades financieras reduzcan costos y mejoren la precisión en sus procesos. Estos avances son especialmente valiosos en un sector altamente regulado, donde la exactitud y la transparencia son esenciales. Además, al reducir la carga de trabajo manual, la RPA permite a los empleados del sector financiero centrarse en actividades estratégicas y de análisis, mejorando así la calidad del servicio al cliente y fortaleciendo la posición competitiva de las organizaciones financieras en el mercado global.

RPA permite que los empleados se concentren en tareas estratégicas

La RPA ofrece una oportunidad para que las organizaciones redefinan sus procesos, liberando a los empleados de tareas repetitivas y permitiéndoles enfocarse en actividades estratégicas y creativas. Este enfoque permite a las empresas mejorar tanto la eficiencia como la innovación, fomentando una cultura de mejora continua. Según la CEPAL, "la RPA permite a los empleados concentrarse en tareas de alto valor, promoviendo un entorno de trabajo más dinámico y motivador" (Benhamou, 2022).

Al liberar a los empleados de tareas operativas y repetitivas, la RPA les permite participar en proyectos que requieren habilidades cognitivas avanzadas y creatividad. Esto no solo enriquece el rol del empleado, sino que también fomenta un entorno laboral en el que los individuos pueden desarrollarse profesionalmente y contribuir con ideas que impulsan el crecimiento organizacional. Este cambio cultural también ayuda a mejorar la moral y satisfacción del personal, quienes ven en la automatización una oportunidad para centrarse en lo que realmente añade valor. La CEPAL resalta que "la automatización permite a los empleados enfocarse en tareas que requieren habilidades analíticas y de resolución de problemas, lo cual es esencial para el desarrollo de un entorno laboral más satisfactorio y productivo".

Además, la RPA impulsa a las organizaciones a adoptar una mentalidad de mejora continua, ya que la tecnología facilita la recopilación y el análisis de datos sobre el rendimiento de los procesos. Al identificar áreas de oportunidad a través del análisis de datos, las empresas pueden ajustar sus operaciones para mejorar la eficiencia y la calidad de sus productos y servicios. Esta capacidad de adaptarse y mejorar continuamente es esencial para las organizaciones en un mercado globalizado, donde la competencia y las expectativas de los clientes son cada vez mayores. Con la RPA, las empresas no solo pueden optimizar sus procesos actuales, sino también prepararse para los desafíos futuros, construyendo una base sólida para la innovación y el crecimiento a largo plazo.

La RPA fomenta un entorno de trabajo dinámico e innovador

La integración de la RPA en las operaciones empresariales no solo impulsa la eficiencia, sino que también fomenta la innovación y la mejora continua. Esta tecnología marca el camino hacia un futuro del trabajo más dinámico y colaborativo, en el que la tecnología y los empleados coexisten y se complementan. Clúa de Yarza (2020) señala que "la colaboración entre humanos y tecnología, facilitada por la RPA, impulsa una cultura de innovación y mejora continua" (Clúa de Yarza, 2020).

La combinación de habilidades humanas y capacidades tecnológicas en el trabajo diario es clave para construir un entorno laboral que fomente la adaptabilidad y la resiliencia organizacional. A medida que los empleados se adaptan a trabajar junto a la RPA, aprenden nuevas competencias digitales que los preparan para un mercado laboral en evolución constante. Este desarrollo de habilidades es particularmente valioso en sectores que están experimentando una transformación digital acelerada, donde la capacidad de adaptarse y colaborar con tecnologías avanzadas es esencial para mantener la competitividad. La CEPAL enfatiza la importancia de fomentar un "nuevo paradigma organizacional donde los humanos y las máquinas colaboran de manera inteligente y responsable para maximizar el valor de la automatización".

Además, el uso estratégico de la RPA permite a las empresas adoptar una visión de mejora continua, donde se incentiva a los empleados a buscar soluciones innovadoras para los desafíos que enfrentan en su día a día. Este enfoque no solo mejora la eficiencia de los procesos, sino que también fomenta una cultura de innovación en la que los empleados se sienten motivados a contribuir activamente al éxito de la organización. Al implementar RPA, las empresas están invirtiendo en un modelo de trabajo colaborativo que no solo optimiza las operaciones, sino que también enriquece el entorno laboral, promoviendo el desarrollo personal y profesional de los empleados y fortaleciendo la capacidad de la organización para adaptarse a las demandas de un mercado globalizado.

La adopción exitosa de RPA requiere planificación estratégica

La adopción estratégica de RPA requiere una planificación cuidadosa y una gestión efectiva del cambio para asegurar una transición exitosa y maximizar los beneficios potenciales. Una implementación adecuada no solo implica la parte técnica, sino también la capacitación y adaptación del personal a los nuevos procesos. La CEPAL destaca que "la planificación estratégica y la gestión del cambio son esenciales para el éxito de la RPA en cualquier organización" (Benhamou, 2022).

Uno de los principales desafíos en la adopción de RPA es la gestión de la resistencia al cambio, ya que los empleados pueden percibir la automatización como una amenaza para su estabilidad laboral. Para mitigar este problema, es fundamental que las empresas adopten una comunicación abierta y proactiva, explicando a los empleados cómo la RPA complementará sus roles en lugar de reemplazarlos. La formación continua y el desarrollo de competencias digitales también son esenciales para asegurar que los empleados puedan adaptarse a los nuevos procesos de manera eficaz. La CEPAL sugiere que una "gestión efectiva del cambio es clave para el éxito de la RPA, ya que permite a los empleados adaptarse y ver la tecnología como una herramienta que mejora su desempeño y su rol dentro de la organización".

Por otra parte, la implementación de RPA implica la creación de un entorno de aprendizaje continuo donde los empleados pueden desarrollar nuevas habilidades y adaptarse a los cambios tecnológicos de manera constante. Las organizaciones deben invertir en programas de formación que permitan a sus empleados comprender y manejar la tecnología de manera eficiente, maximizando así el valor de la automatización. Este enfoque de aprendizaje continuo es clave para construir una organización flexible y resiliente, preparada para adaptarse a las futuras transformaciones tecnológicas. La RPA, cuando se implementa correctamente, no solo impulsa la eficiencia y reduce los costos, sino que también fortalece la cultura de innovación dentro de la empresa, promoviendo una actitud positiva hacia el cambio y la evolución digital.

La RPA permite mejorar la competitividad en el mercado global

A través de la implementación de RPA, las organizaciones pueden optimizar sus procesos, mejorar la calidad de sus servicios y productos, y potenciar su competitividad en un mercado global cada vez más exigente y dinámico. Al automatizar tareas repetitivas, las empresas no solo reducen costos, sino que también mejoran la precisión y consistencia de sus procesos. La CEPAL señala que "la RPA permite a las organizaciones mantener un estándar de calidad y precisión que es crucial en un entorno altamente competitivo" (Benhamou, 2022).

La RPA también representa una herramienta clave para enfrentar los retos de un mercado laboral en evolución. A medida que las tareas repetitivas se automatizan, las empresas pueden reorientar a sus empleados hacia actividades estratégicas que requieren habilidades analíticas y creativas. Este cambio no solo mejora la productividad, sino que también contribuye a un desarrollo profesional más completo y enriquecedor para los empleados. Las organizaciones que implementan RPA están en mejor posición para adaptarse rápidamente a las demandas del mercado, asignando recursos humanos y tecnológicos de manera más eficiente y estratégica. Este enfoque es fundamental en una economía digitalizada, donde la agilidad y la capacidad de respuesta son factores diferenciadores en el éxito organizacional.

En términos de rentabilidad, la RPA se ha consolidado como una tecnología que aporta un retorno de inversión (ROI) significativo, especialmente cuando se implementa en procesos clave que requieren precisión y consistencia. Al reducir el tiempo de ciclo y los errores asociados a las tareas manuales, la RPA permite a las organizaciones lograr resultados medibles en un corto plazo. En sectores como la banca y las telecomunicaciones, donde el volumen de transacciones y datos es elevado, la RPA optimiza la eficiencia de los procesos, reduciendo costos operativos y mejorando el control de calidad. La CEPAL señala que "las empresas que adoptan la RPA pueden experimentar mejoras en su competitividad y sostenibilidad, aprovechando la tecnología para ofrecer productos y servicios de mayor calidad".

La RPA impulsa la innovación

La combinación de tecnología y talento humano a través de la RPA abre nuevas oportunidades para la innovación y la transformación empresarial, creando un entorno propicio para el crecimiento y la prosperidad a largo plazo. Este enfoque permite a las organizaciones aprovechar la tecnología para potenciar la creatividad y el desarrollo de los empleados. Según Álvarez Marín (2024), "la sinergia entre la RPA y el talento humano fomenta un entorno de trabajo colaborativo, orientado hacia la innovación continua" (Marín., 2024).

La RPA también facilita una estructura organizativa más flexible, permitiendo que las empresas respondan rápidamente a las fluctuaciones del mercado y a las nuevas tendencias. Este enfoque de adaptación continua es particularmente valioso en la actualidad, donde los ciclos de innovación son cada vez más cortos y las organizaciones necesitan ser ágiles para mantenerse al día con las demandas cambiantes de los consumidores. Según investigaciones recientes, la RPA permite que las empresas ajusten sus procesos de manera eficiente, asegurando que puedan responder de inmediato a los cambios en la demanda o en la competencia. Esta flexibilidad operativa es fundamental para la sostenibilidad y el crecimiento en una economía altamente competitiva.

Por otro lado, el desarrollo de la RPA ha abierto la puerta a nuevas oportunidades en términos de formación y desarrollo de competencias para los empleados. A medida que los trabajadores se adaptan a roles que requieren interacción con tecnología avanzada, adquieren habilidades digitales y técnicas que aumentan su empleabilidad y su valor dentro de la empresa. La implementación de RPA incentiva a las organizaciones a invertir en capacitación, ya que un equipo bien preparado es esencial para aprovechar al máximo los beneficios de la automatización. Esta relación simbiótica entre tecnología y personal capacitado contribuye a la creación de un entorno en el que la innovación y el aprendizaje continuo se convierten en pilares fundamentales de la cultura organizacional.

La RPA es un catalizador de evolución y crecimiento continuo en la era digital.

En resumen, la Automatización Robótica de Procesos (RPA) no solo es una herramienta para aumentar la productividad empresarial, sino que también es un catalizador para la evolución y el desarrollo continuo de las organizaciones en la era digital actual. La RPA impulsa a las empresas hacia un modelo de mejora continua y adaptación constante a los cambios tecnológicos. Clúa de Yarza (2020) concluye que "la RPA es esencial para el desarrollo de una organización resiliente, adaptable y preparada para los retos de la economía digital" (Clúa de Yarza, 2020).

La RPA no es únicamente un medio para optimizar procesos, sino una herramienta que permite a las organizaciones prepararse para los desafíos futuros. En un contexto de rápido avance tecnológico, las empresas que adoptan RPA están mejor posicionadas para adaptarse a nuevas tecnologías como la inteligencia artificial avanzada y el aprendizaje automático, las cuales se integran de forma natural con la automatización robótica. La CEPAL resalta la importancia de esta tecnología en su visión del futuro laboral: "La RPA, al complementarse con la inteligencia artificial, permite una transformación integral de los procesos empresariales, facilitando una colaboración efectiva entre humanos y máquinas que potencia la competitividad y la sostenibilidad".

Finalmente, la implementación de la Automatización de Procesos Robóticos (RPA, por sus siglas en inglés) representa una oportunidad única para que las organizaciones construyan un entorno de trabajo más colaborativo, donde la tecnología y el talento humano se potencian mutuamente. En este contexto, la RPA no solo se ve como una herramienta que reemplaza procesos manuales, sino como un catalizador que permite a los empleados liberar tiempo de tareas repetitivas y centrarse en actividades de mayor valor estratégico.

De esta manera, la tecnología no compite con el talento humano, sino que lo amplifica, mejorando tanto la eficiencia operativa como la creatividad en los equipos de trabajo. Este enfoque hacia la automatización inteligente fomenta una cultura organizacional en la que la innovación y el aprendizaje continuo son considerados elementos esenciales del éxito. A medida que las empresas avanzan hacia un futuro más digitalizado y cambiante, la RPA se posiciona como una herramienta clave no solo para agilizar las operaciones, sino también para liderar la transformación organizacional. Garantiza, además, un crecimiento sostenible, ya que permite a las empresas adaptarse más rápidamente a los cambios del mercado y a las demandas de los consumidores. Así, la RPA no solo se presenta como una solución técnica que resuelve problemas inmediatos de eficiencia, sino como una estrategia integral que contribuye a construir una organización resiliente, adaptable y perfectamente preparada para enfrentar los retos de la economía digital.

La RPA como pilar en la Transformación de la Atención al cliente

En el ámbito de atención al cliente, la implementación de RPA se ha convertido en una herramienta clave para automatizar procesos repetitivos y administrativos. Entre estos procesos se incluyen tareas como la gestión de solicitudes de información, la actualización de datos de los clientes y la clasificación y derivación de quejas y consultas a los departamentos correspondientes. Estas tareas, que anteriormente requerían una intervención manual constante, ahora pueden ejecutarse con rapidez y precisión a través de robots de software. Este tipo de automatización permite que los agentes humanos puedan centrarse en las tareas que realmente agregan valor al cliente, tales como la resolución de problemas complejos y la entrega de una atención más personalizada. La tecnología de RPA, al liberar a los empleados de la carga de las tareas administrativas, contribuye a mejorar la calidad del servicio al cliente, al mismo tiempo que optimiza los costos operativos. Según Gartner (2021), la integración de RPA en la atención al cliente no solo mejora la eficiencia, sino que también incrementa la satisfacción del cliente, permitiendo que los equipos humanos se concentren en interacciones más significativas y enriquecedoras con los clientes.2. Beneficios de RPA en la Optimización de Procesos de Atención al Cliente

Uno de los principales beneficios de RPA es su capacidad para optimizar los procesos de atención al cliente mediante la reducción de tiempos de espera y el aumento de la precisión en la gestión de consultas. Con RPA, las empresas pueden automatizar tareas que antes requerían intervención humana, lo que disminuye el tiempo de respuesta y mejora la experiencia del cliente. Fernández y Soto (2020) afirman que "la automatización de tareas repetitivas permite una atención a la cliente más rápida y reduce los errores, lo cual es crucial para la satisfacción del cliente en un entorno competitivo" (p. 35) (Fernández & Soto, L., 2020).

Además, la RPA permite a las organizaciones escalar sus operaciones de atención al cliente sin necesidad de aumentar la plantilla, ya que los bots pueden manejar grandes volúmenes de solicitudes de manera simultánea. Esto es especialmente valioso en sectores de alta demanda, como el comercio electrónico y los servicios financieros, donde los picos de solicitudes pueden ser difíciles de gestionar manualmente (Chen, 2021).

2. Personalización de la Atención al Cliente mediante RPA
3.

Otro beneficio clave de RPA es su capacidad para personalizar la experiencia de atención al cliente. Los bots de RPA pueden integrarse con bases de datos de clientes y sistemas de CRM (Customer Relationship Management), lo que les permite acceder a información relevante en tiempo real. De esta forma, los bots pueden proporcionar respuestas personalizadas, basadas en el historial y las preferencias de cada cliente.

Según Jackson y Li (2022), "RPA permite una atención al cliente proactiva y personalizada, ya que los bots tienen acceso a datos históricos y pueden anticiparse a las necesidades de los clientes" (p. 48) (Jackson & Li, Z., 2022). Por ejemplo, un bot de RPA en una compañía de telecomunicaciones puede recordar que un cliente suele recargar su plan de datos a principios de cada mes, y enviarle un recordatorio personalizado en el momento adecuado.

4. Mejora de la Satisfacción del Cliente a través de RPA

La rapidez y precisión que ofrece RPA en la atención al cliente mejora la satisfacción del cliente, ya que minimiza la frustración generada por largas esperas o errores en la gestión de solicitudes. Además, al automatizar tareas rutinarias, los agentes de atención al cliente pueden dedicar más tiempo a resolver problemas complejos y a brindar un servicio más cercano y humano, lo cual aumenta la percepción positiva de la empresa.

De acuerdo con López et al. (2022), "la implementación de RPA en los centros de atención al cliente reduce significativamente el tiempo de resolución de solicitudes y mejora la experiencia general del cliente, lo que incrementa su lealtad y retención" (p. 67). Esta capacidad de respuesta rápida y eficiente es crucial en un mundo donde las expectativas de los consumidores no solo están en constante crecimiento, sino que también son cada vez más exigentes en cuanto a la rapidez y calidad del servicio. En sectores como el comercio minorista, donde la competencia es feroz y la lealtad del cliente puede ser volátil, la experiencia del cliente se convierte en un diferenciador clave que puede marcar la diferencia entre la retención y la pérdida de clientes. Por esta razón, la automatización a través de RPA se presenta como una estrategia decisiva para las empresas que buscan mantenerse competitivas en un entorno de mercado cada vez más saturado. La mejora en la velocidad y eficiencia con que se resuelven las solicitudes no solo optimiza los recursos internos, sino que también crea una relación más positiva entre el cliente y la empresa, algo que se refleja directamente en la fidelidad del consumidor y en una mayor tasa de retención. La implementación de esta tecnología transforma la atención al cliente, haciéndola más ágil y alineada con las expectativas del usuario moderno.

RPA y la IA para la Mejora Continua en la Atención al Cliente

El potencial de la RPA se amplifica aún más cuando se combina con tecnologías avanzadas como la inteligencia artificial (IA) y el análisis de datos. Mientras que la RPA se encarga de automatizar procesos repetitivos, la IA puede llevar la interacción con el cliente a un nivel superior al analizar grandes volúmenes de datos en tiempo real. Al integrar estas dos tecnologías, los bots de RPA no solo se limitan a responder solicitudes de manera automática, sino que también pueden aprender patrones de comportamiento y preferencias de los clientes, adaptándose dinámicamente a sus necesidades cambiantes. Este enfoque no solo mejora la eficiencia operativa, sino que también permite ofrecer una experiencia más personalizada y anticipada para cada cliente. Según estudios recientes, la combinación de RPA e IA permite que las empresas no solo resuelvan problemas, sino que también predigan y anticipen las necesidades de los clientes antes de que estos las expresen, lo que genera una percepción de mayor valor y atención personalizada. Este tipo de integración proporciona un ciclo de mejora continua que beneficia tanto a los clientes como a las empresas, creando un entorno donde las interacciones son más fluidas, rápidas y satisfactorias para ambas partes. Además, al emplear IA, los sistemas de RPA pueden aprender y adaptarse, mejorando constantemente la calidad del servicio sin la intervención constante de los humanos.

La IA permite a los sistemas de RPA "aprender" de cada interacción, lo que optimiza la atención al cliente con el tiempo y permite ofrecer una experiencia aún más personalizada. Según Zhang y Wei (2022), "la integración de IA con RPA permite a las organizaciones no solo mejorar la eficiencia de los procesos de atención al cliente, sino también predecir y adaptarse a las preferencias cambiantes de los consumidores" (p. 52) (Zhang & Wei, H., 2022).

Desafíos y Consideraciones para la Implementación de RPA en Atención al Cliente

A pesar de los numerosos beneficios de RPA en la atención al cliente, su implementación también presenta ciertos desafíos. Uno de los principales es la necesidad de gestionar el cambio organizacional, ya que los empleados pueden sentir que la automatización representa una amenaza para su seguridad laboral. Según un estudio de McKinsey (2021), "para implementar con éxito RPA en la atención al cliente, es esencial involucrar a los empleados en el proceso y capacitarlos en el uso de nuevas tecnologías" (p. 61) (McKinsey & Company., 2021).

Otro desafío es garantizar que los bots de RPA se integren correctamente con los sistemas existentes de atención al cliente, como los CRMs y las bases de datos, para maximizar su efectividad. Además, la seguridad de los datos es crucial, especialmente cuando se manejan datos sensibles de clientes, por lo que la RPA debe implementarse bajo estrictos protocolos de seguridad y privacidad.

La Automatización de Procesos Robóticos (RPA) ofrece a las organizaciones una oportunidad única para optimizar sus procesos de atención al cliente, proporcionando una interacción más rápida, personalizada y precisa. Esta tecnología permite reducir tiempos de respuesta, mejorar la precisión en la gestión de solicitudes y liberar al personal para tareas de mayor valor agregado. Con la integración de IA, la RPA continuará evolucionando hacia sistemas de atención al cliente aún más adaptativos y personalizados, capaces de anticiparse a las necesidades de los clientes y mejorar su experiencia en cada interacción.

Conclusión

La RPA ha redefinido la forma en que las organizaciones optimizan sus operaciones y aprovechan el talento humano. Esta tecnología no solo ha incrementado la eficiencia y reducidos costos, sino que también ha creado un entorno de trabajo donde los empleados pueden concentrarse en tareas estratégicas, dejando las tareas repetitivas a los bots. Este cambio representa un avance hacia una estructura organizacional más ágil, adaptable y sostenible, que permite a las empresas responder rápidamente a las demandas de un mercado en constante cambio.

Mirando hacia el futuro, el potencial de la RPA es inmenso, especialmente cuando se combina con la inteligencia artificial y el aprendizaje automático. Juntos, estos avances llevan la automatización a niveles más complejos y prometen revolucionar la forma en que se gestionan los datos, se toman decisiones y se mejora la experiencia del cliente. En resumen, la RPA no es solo una herramienta tecnológica, sino un motor de transformación que impulsa la innovación continua, la colaboración entre humanos y máquinas, y la evolución de las organizaciones hacia una cultura de mejora constante.

Referencias

Acurio Pérez, F. M. (2020). *Software inteligente RPA, para la validación del sistema de planificación de recursos empresariales Dynamics AX utilizando GAMP5–Caso de estudio: Industria farmacéutica.* Repositorio ESPE.

Alfaro Gutiérrez, A. (2022). *¿Cómo implementar la automatización robótica de procesos en los Centros de Servicios Compartidos que operan en la Gran Área Metropolitana?* Repositorio ULACIT.

Asatiani, A., & Penttinen, E. (2016). *"Turning robotic process automation into commercial success – Case OpusCapita".* Journal of Information Technology Teaching Cases.

Ávila, J. D. (2024). *Automatización Robótica de Procesos y su Impacto en la Gestión de Compras y Cadena de Suministros: Revisión Sistemática.* Gestión de Operaciones.

Balladares Montalvan, C. A. (2020). *RPA para la automatización de la gestión administrativa en el área de finanzas de Seidor.* Repositorio Científica.

Benhamou, S. (2022). *La transformación del trabajo y el empleo en la era de la inteligencia artificial: análisis, ejemplos e interrogantes.* Comisión Económica para América Latina y el Caribe (CEPAL).

Bermúdez Irreño, C. A. (2021). *RPA - Automatización Robótica de Procesos: Una revisión de la literatura.* Revista de Ingeniería, Matemáticas y Ciencias de la Información.

Bermúdez Irreño, C. A. (2021). *RPA - Automatización Robótica de Procesos: Una revisión de la literatura.*

Chen, R. (2021). *Automated Learning Systems and Personalization in Education. IEEE Education Review, 10(4), 44-50.*

Chinea, R. M. (2024). *ERP: ¿Reliquia del Pasado o Clave en el Futuro del Gobierno del Dato?* Revista Canaria de Administración Pública.

Clúa de Yarza, P. (2020). *El futuro del empleo: los desafíos de la automatización, la inteligencia artificial y la robótica (Trabajo final de grado).*

Deloitte. (2017). *La era de la automatización.*

Díaz Noriega, E. (2023). *Automatización del proceso de reconciliación bancaria mediante la integración de Excel con ChatGPT.* Repositorio UNAB.

Encalada, M. L., & Cueva, Á. D. S. (2023). *Efectos post pandemia en el desempeño del sector industrial textil ecuatoriano de ropa liviana: periodo 2020-2021.* Revista ECA Sinergia.

Ernst, & Young. (2020). *Cybersecurity considerations in Robotic Process Automation.*

Fernández Miño, F. J. (2015). *Plan de negocio para la implementación de una empresa comercializadora de ropa brasileña en el cantón Quevedo, año 2013.*

Fernández, R., & Soto, L. (2020). *Optimizing Customer Service Processes with Robotic Process Automation.* Journal of Business Efficiency, volumen 14(2), páginas 32-40.

Flores Jaimes, F. D., & Romero Navarro, A. M. (2018). *Las NIIF para las PYMES y su impacto en la toma de decisiones financieras en empresas del sector textil.* Repositorio UPC.

Garavito Núñez, O. M., & Mendez, C. (s.f.).

Gartner. (2021). *Network segmentation strategies for security in digital transformation.*

Gómez González, L. M. (2020). *Aplicaciones de RPA en el ámbito empresarial.* Repositorio UPM.

Herrera Vázquez, J., & Miranda, S. (2024). *Evaluación del impacto de la implementación de automatización en el contexto de agilidad organizacional en una Fintech transnacional en Costa Rica.* Repositorio ULACIT.

Herrero Menocal, P. (2023). *Relevo generacional en la actividad de auditoría de cuentas: obstáculos del proceso y propuestas para potenciar la gestión del talento joven en el sector.* Repositorio UNICAN.

Hurtado-Guevara, R. F. (2024). *Impacto de la Automatización en la Auditoría: Ventajas y Desafíos.* Revista Científica Zambos.

International Organization for Standardization. (2019). *Estándares de seguridad de la información (ISO/IEC 27001:2019).*

Irreño, C. A. (2023). *Caracterización de las plataformas automation anywhere y uipath para la implementación de RPA.* Revista Ingeniería.

Jackson, K., & Li, Z. (2022). *Preparing Students for a Digital Economy with RPA Skills. Journal of Future Skills Development, 29(2), 35-40.*

KPMG. (2021). *Seguridad cibernética en la empresa digital, con un enfoque en RPA.*

López, A., & Martínez, P. (2020). *Developing Digital Skills for the Future Workforce. Education and Technology Press.*

López, P. (2022). *Enhancing Customer Satisfaction with RPA in Service Centers.* Customer Relations Management Journal, volumen 16(2), páginas 65-73.

Lucio Mendoza, J. C. (2020). *Método propuesto para la implementación exitosa de las 5S - Edición Única*. Repositorio Tec.

Marín., N. Á. (2024). *Automatización e inteligencia artificial (IA): revolución y desocupación laboral*.

Martínez Villamarín, L. P. (2018). *Factores de impacto de la herramienta CRM (Customer Relationship Management) para la implementación en pequeñas empresas en Colombia*. Repositorio UMIL.

McKinsey & Company. (2021). *Implementing RPA for Effective Customer Service*. McKinsey & Co.

Microsoft. (2021). *Security Best Practices for Robotic Process Automation*.

National Institute of Standards and Technology (NIST). (2020). *Directrices de identidad digital*.

Nova Cárdenas, J. I. (2020). *Diseño de modelo de negocios para el área de RPA de una firma de Consultoría*. Repositorio UCHILE.

Ochoa Surco, A. D., & Osorio, S. (2022). *Implementación de un RPA para mejorar el proceso de validación de estados de cuenta en una entidad financiera, Lima-2022*. Repositorio UTP.

Ortiz Herrera, Y. M. (2021). *Automatizar la descarga y consolidación de datos, usando un RPA*. DSpace TDEA.

PwC. (2020). *Gestión de riesgos para la automatización de procesos robóticos*.

Quintanilla Laserna, D. M. (2021). *Optimización de procesos operativos a través de la automatización robótica de procesos (RPA)*. Repositorio UMIL.

Rodríguez Soto, J. R. (2018). *La informalidad empresarial, evolución literaria que denota un fenómeno complejo*. Polo del Conocimiento.

SANS, I. (2020). *Internal Threats and the Role of Automation in Mitigation*.

Smith, J., & Jones, L. . (2021). *Cybersecurity Risks in Robotic Process Automation. Journal of Cybersecurity, 15(3), 42-56*.

Suarez Gallegos, M. A. (2024). *Implementación de la automatización de procesos robóticos (RPA) para mejorar la productividad de la empresa Covisian Perú SA, Lima*. Repositorio UWiener.

Suárez Gallegos, M. A. (2024). *Implementación de la automatización de procesos robóticos (RPA) para mejorar la productividad de la empresa Covisian Perú SA, Lima*. Repositorio UWiener.

Vega Guevara, W. F. (2021). *Implementación de un Robotic Process Automation (RPA) para mejorar la gestión logística de navieras en la empresa Specialized Reefer Logistics SAC.* Repositorio UTP.

Zanel, D. (2023). *Maestría en gestión estratégica de sistemas y tecnologías de la información.* Biblioteca Digital UBA.

Zhang, W., & Wei, H. (2022). *Artificial Intelligence and RPA: Advancing Customer Service. AI & Customer Relations Journal, 20(1), 50-58.*

Printed by Books on Demand GmbH, Norderstedt / Germany